Emmanuel Green Ekine

Filtros de aves de capoeira ao serviço do controlo dos nemátodos parasitas das plantas

Emmanuel Green Ekine

Filtros de aves de capoeira ao serviço do controlo dos nemátodos parasitas das plantas

ScienciaScripts

Imprint

Any brand names and product names mentioned in this book are subject to trademark, brand or patent protection and are trademarks or registered trademarks of their respective holders. The use of brand names, product names, common names, trade names, product descriptions etc. even without a particular marking in this work is in no way to be construed to mean that such names may be regarded as unrestricted in respect of trademark and brand protection legislation and could thus be used by anyone.

Cover image: www.ingimage.com

This book is a translation from the original published under ISBN 978-3-659-91681-6.

Publisher:
Sciencia Scripts
is a trademark of
Dodo Books Indian Ocean Ltd. and OmniScriptum S.R.L publishing group

120 High Road, East Finchley, London, N2 9ED, United Kingdom
Str. Armeneasca 28/1, office 1, Chisinau MD-2012, Republic of Moldova, Europe
Managing Directors: Ieva Konstantinova, Victoria Ursu
info@omniscriptum.com

Printed at: see last page
ISBN: 978-620-8-39711-1

Índice

Tema 1: Impacto do composto de estrume de aves de capoeira na infecciosidade do nemátodo e no rendimento do pimentão

Resumo

Este estudo foi realizado para testar a utilidade do composto de estrume de aves de capoeira no controlo de parasitas agronómicos importantes, expondo plântulas de pimentão com 21 dias de idade a diferentes concentrações de composto de estrume de aves de capoeira. A amostragem do solo e das raízes foi efectuada utilizando um alicate de solo improvisado e uma faca de cozinha esterilizada durante três meses. Foi adotado o delineamento experimental de blocos aleatórios completos com cinco tratamentos e cinco réplicas, e os fitoparasitas foram verificados utilizando o procedimento de peneiração e identificados utilizando chaves pictóricas. Foram registadas infecções graves nas parcelas sem tratamento com composto de estrume de aves. No entanto, os sintomas de nemátodos fitoparasitas foram relativamente observados nas parcelas tratadas com o composto de estrume de aves, mas não foram tão graves que impedissem o desempenho do pimentão. O estudo estabeleceu que o estrume composto de aves de capoeira tem a capacidade de aumentar a força da cultura e de ultrapassar a infecciosidade dos fitopatógenos, estimulando o desempenho do crescimento da cultura para obter o máximo rendimento. O estudo também indica que o hábito de tratar o solo com estrume de aves de capoeira pode garantir a segurança alimentar.

Palavras chave: Pimentão, Estrume de aves de capoeira composto, Impacto patológico, Fitoparasitas, Infestividade de nemátodos.

Introdução

A estratégia de utilização de estrume animal composto como estrume está a tornar-se gradualmente popular na Nigéria, onde os agricultores procuram continuamente melhorar os nutrientes do solo e a produção. A adição de excrementos de animais ao solo pode provocar alterações nos micróbios existentes, tanto na flora como na fauna, sem excluir os nemátodos (Ekine, 2020). A sua presença no solo pode também ter impacto nas caraterísticas físicas e químicas do ecossistema do solo e melhorar o desempenho das culturas. Além disso, o estrume animal composto, incluindo o estrume de aves de capoeira, pode substituir a utilização de produtos químicos e outros modelos habitualmente utilizados no controlo e gestão dos nemátodos do solo devido ao seu impacto no desempenho do crescimento das culturas e à melhoria da qualidade da resistência aos danos das culturas (Ekine & Ezenwaka, 2023). Foi relatado que as culturas cultivadas em campos com adições orgânicas mostram sinais muito menos significativos de infecções nascidas no solo e tendem a ter um desempenho razoavelmente melhor do que as observações sobre as culturas cultivadas em sistema de agricultura natural sem o uso de fertilizantes orgânicos (McSorley, 2011; Ahmed *et al.,* 2012; Faisal *et al.,* 2017; Ekine & Ezenwaka, 2023).

A presença de resíduos animais como estrume no solo pode modificar a ocorrência de nemátodos e prever a composição da comunidade no ecossistema do solo. As modificações na ocorrência de nemátodos na inclusão de estrume orgânico podem aumentar as espécies especiais que são úteis devido ao padrão de alimentação (Ekine *et al.,* 2020). Faisal *et al.* (2017) sugere que as alterações das caraterísticas físico-químicas do solo aquando da aplicação de adubo orgânico podem estimular o crescimento das plantas e melhorar as redes alimentares do solo. Agyarko e Asante (2005), opinaram que os fertilizantes orgânicos têm efeitos positivos na estrutura do solo e podem melhorar o crescimento das plantas e reduzir a carga de doenças causadas por agentes patogénicos transmitidos pelo solo, incluindo espécies de nemátodos fitoparasitas. Podem também facilitar a propagação de espécies de vida livre, mas a supressão de nemátodos parasitas de plantas pode ser inconsistente (Abduzor & Haseeb, 2010; Agbenin, 2011). Os resíduos orgânicos, quando utilizados como fertilizantes, tendem a melhorar a nutrição do solo e possuem a capacidade de libertar alimentos na forma disponível para utilização pelas plantas (Agbenin, 2004). De acordo com Ahmed *et al.* (2012), o estrume orgânico, quer de plantas quer de animais, pode aumentar a força das culturas para mostrar um certo nível de tolerância a infecções por nemátodos e estimular o crescimento de predadores e evitar a acumulação de organismos fitoparasitas abaixo do nível limiar e melhorar o rendimento.

O pimentão é uma importante cultura hortícola de frutos utilizada a nível mundial. É amplamente cultivado na Nigéria por várias razões. Os habitantes das zonas rurais cultivam o pimentão pelo seu sabor, qualidade picante e fonte de sobrevivência (Onu & Aliyu, 2005). A cultura está entre as culturas hortícolas frequentemente cultivadas. Devido à sua utilidade, o pimentão está a tornar-se rapidamente popular como fonte primária de subsistência para os habitantes rurais com baixos rendimentos. Produz rendimentos elevados quando é corretamente cultivado e gerido e não é afetado por pragas. No entanto, o seu rendimento é muitas vezes atenuado pela ação de nemátodos patogénicos. Em países como a Nigéria, onde o cultivo de culturas é uma cultura, é importante que um meio rápido de ultrapassar os efeitos das infecções causadas por nemátodos seja um meio que possa ser facilmente utilizado pelos agricultores rurais locais. Assim, testar a influência do estrume de aves de capoeira na infecciosidade dos nemátodos pode ser vantajoso para desenvolver medidas de controlo dos nemátodos acessíveis aos agricultores a todos os níveis, em vez das estratégias frequentemente utilizadas, como os produtos químicos. Por conseguinte, este estudo tem como objetivo avaliar os efeitos do estrume de aves de capoeira composto na infecciosidade do nemátodo e no rendimento do pimentão.

Material e métodos

Local do estudo: O presente estudo foi realizado no campo de investigação do departamento de Biologia da Universidade de Educação Ignatius Ajeru. O local situa-se entre 1752 e 50 km a norte da antiga cidade de Port Harcourt, a sede petrolífera da Nigéria e a capital do Estado de Rivers.

Desenho experimental: Para o estudo, foi adotado o modelo de blocos aleatórios completos (CRBD) com cinco tratamentos e cinco réplicas, para garantir a homogeneidade dos grupos.

Designação da parcela experimental: O terreno experimental (20m por 30m) foi dividido em cinco parcelas. Estas parcelas foram designadas por P_1 - P_5 . Em cada parcela, foram feitos cinco canteiros.

Aplicação de estrume de aves: O estrume de aves preparado foi aplicado na parcela P_1 - P3, enquanto o controlo negativo P4 foi tratado com o estrume de aves mas não foi cultivado pimentão e o P5 foi o controlo positivo e não foi tratado de todo mas foi cultivado com pimentão. A aplicação de estrume de aves foi feita com uma espátula manual à razão de 3 kg, 2 kg e 1 kg por ponto de plantação nas parcelas P1, P2 e P3, respetivamente, e foi deixada a mineralizar durante catorze dias antes do início da transplantação.

Transplante: As plântulas de pimentão foram transplantadas 21 dias após a germinação com uma espátula manual. Cada parcela plantada tinha 50 pés de pimentão, perfazendo um total de 200 mudas transplantadas, que foram regadas duas vezes ao dia, com intervalo de doze horas. A monda foi feita diariamente.

Processo de amostragem

Recolha de solo: Foram colhidas amostras de solo de cada parcela 30, 60 e 90 dias após a plantação, após a aplicação de estrume de aves. As amostras de solo foram bem identificadas e transportadas para o laboratório de investigação do departamento de biologia da Universidade de Educação Ignatius Ajuru, Port Harcourt, para extração de nemátodos.

Recolha de amostras de raízes: Em cada fase, foram selecionados aleatoriamente 10 pontos de plantação, que foram arrancados e as raízes recolhidas ao mesmo tempo, para determinar os nemátodos das raízes do pimentão e verificar a influência do estrume de aves de capoeira na assembleia de nemátodos.

Exame da infecciosidade dos nemátodos

Determinação do índice de galhas

O índice de galhas (IG) foi determinado utilizando o método de Nzeako *et al.* (2013) seguindo a escala padrão de 0-4, onde:

0 = não se observam massas de ovos (sem infeção)

1 = 1-7: massas de ovos observadas (infeção muito ligeira)

2 = 8-15: massas de ovos (infeção ligeira)

3 = 16-30: massas de ovos (infeção moderada)

4 = 31 - acima: massa de ovos (infeção grave).

Sintomas foliares: A cultura do pimentão *(Capsicum annum)* foi examinada fisicamente todos os dias para detetar sintomas foliares relacionados com infecções por nemátodos.

Extração de nemátodos: O método de Bermann modificado (Southey, 1986) foi utilizado para extrair nemátodos do solo. Em cada período de amostragem, as amostras de solo foram examinadas para detetar e eliminar pedras, após o que o solo foi espalhado uniformemente sobre papel de seda apoiado numa peneira de plástico colocada num prato de plástico. A água foi adicionada suavemente até o solo tocar na água, mas não emergir. O sistema de extração foi deixado em repouso ininterrupto durante dois dias no laboratório. Depois disso, o solo foi deitado fora e a suspensão de nemátodos foi vertida em frascos de amostras, devidamente rotulados, fixados com 2 gotas de formalina a 5% e deixados em repouso para observação microscópica e contagem e identificação dos nemátodos.

As raízes do pimentão foram lavadas com água de Eva e cortadas com uma faca de cozinha esterilizada e maceradas num misturador elétrico (BLG 450) durante 15 segundos a baixa velocidade. Foram feitas cem amostras em toda a pesquisa e o procedimento de extração como para o solo também foi adotado para as raízes.

Identificação de nemátodes: Para a identificação dos nemátodos, foram utilizadas chaves pictóricas de acordo com Mekete *et al.* (2012) e Siddqi (2000), enquanto a visualização foi efectuada com o microscópio ótico.

Determinação dos parâmetros de crescimento e rendimento das plantas

A avaliação dos parâmetros de crescimento e do rendimento do pimentão *(Capsicum annum)* neste estudo foi efectuada em cada época de amostragem da seguinte forma:

Guirlanda do caule: O anel do caule foi medido com um paquímetro, após o que os valores médios foram tomados e registados.

Altura do caule: As alturas do pimentão *(Capsicum annum)*, da base ao ápice, foram medidas com uma régua métrica.

Número de frutos: O número de frutos por ponto de pimentão foi determinado através da contagem e registo do número de frutos em cada ponto de cultura por local de exploração, após o que os valores médios foram tomados e registados.

Análise dos dados: A percentagem de ocorrência de nemátodos em cada fase de amostragem foi obtida utilizando n/N x 100. Onde n é a frequência de ocorrência de géneros individuais de nemátodos e N a riqueza total de nemátodos extraída no estudo. Os dados obtidos no estudo foram analisados com o programa Special Package for Social Science (SPSS) versão 23, utilizando a análise de variância (ANOVA).

Resultados

Populações de nemátodos do solo do pimentão

O exame do solo neste estudo revelou um total de 1.257 nemátodos de 15 géneros. Os géneros de nemátodos e a sua importância, que mostram a sua incidência real de ocorrência e as densidades populacionais, variam entre os cinco níveis de tratamento e as parcelas experimentais, respetivamente. Em P1 com 3 kg de nível de tratamento revelaram 12 géneros de nemátodos proeminentes (Quadro 1). Os géneros de nemátodes encontrados em P2 com 2 kg de tratamento foram *Meloidogyne, Heteroder, Ditylenchus, Hoplolaimus, Paratylenchus, Helicotylenchus, Hemicycliophora, Monochid, Longidorus, Dorylaimus* e *Rhabditis*. A parcela P3 com 1 kg de tratamento registou *Hoplolaimus, Tylenchus, Radopholus, Pratylenchus, Helicotylenchus, Meloidogyne, Ditylenchus, Dorylaimus, Rhabditis, Monochus, Monochid, Aphelenchus, Aphenchoides, Longidorus, Paratylenchus* e *Hemicyclophora*. Os géneros de nemátodes extraídos de P4 sem pimentão mas tratado com estrume de aves mostram um número razoável de nemátodes (Quadro 1). No entanto, a parcela P5 com pimentão sem tratamento com esterco de aves revelou mais nematóides fitoparasitas (Tabela 1).

Quadro 1: Populações de nemátodos do solo do pimentão

Plots	P₁	P₂	P₃	P₄	P₅	
Nematode genera	3kg (%)	2kg (%)	1kg (%)	TBNBP (%)	BPCBNT (%)	Total
Meloidoygne	27 (29.0)	15 (16.1)	23 (24.7)	0	18 (19.4)	93
Monochus	14 (20.9)	10 (14.9)	16 (23.9)	19 (28.4)	8 (11.9)	67
Aphelenchus	25 (44.6)	17 (30.4)	8 (14.3)	10	6 (10.7)	56
Radopholus	37 (26.4)	25 (17.9)	24 (17.1)	36 (25.7)	18 (12.9)	140
Rhabditis	18 (22.0)	10 (12.2)	13 (15.9)	9 (11.0)	32 (39.0)	82
Hemicyclophora	6 (12.0)	26 (52.0)	6 (12)	0	12 (24.0)	50
Rhabditis	9 (10.3)	19 (21.8)	26 (29.9)	17 (19.5)	16 (18.4)	87
Heterodera	24 (36.9)	12 (18.5)	12 (18.5)	13 (4.6)	14 (21.5)	65
Pratylenchus	14 (24.6)	0	16 (28.1)	0	17(29.8)	57
Tylenchus	13 (25.0)	0	8 (15.4)	16 (30.8)	15 (28.8)	52
Ditylenchus	0	26 (24.7)	16 (21.3)	10 (13.3)	23 (30.7)	75
Monochid	0	24 (34.8)	14 (20.3)	21 (30.4)	10 (14.5)	69
Aphelenchoides	0	7 (14.9)	11 (23.4)	16 (34.0)	13 (27.7)	47
Hoplolaimus	2 (3.8)	17 (32.1)	24 (45.3)	0	0	53
Aphenchoides	12 (20.0)	0	13 (21.7)	23 (38.3)	12 (20.0)	60
Total	**217 (17.3)**	**237 (18.9)**	**295 (23.5)**	**237(18.9)**	**271 (21.6)**	**1257 (100)**

F 18.235　　　　*sig 0.000*

Key
TNBP – Treated but No bell pepper cultivated
NTBC – Not treated but cultivated with bell pepper

Nemátodos das raízes do pimentão

Foi registado um total de 280 nemátodos de sete géneros nas raízes de pimento analisadas neste estudo. Os nematóides assim recuperados foram espécies *de Hoplolaimus* (13,9%), espécies de *Pratylenchus* (22,8%), *Meliodogyne* (18,2%), espécies *de Helicotylenchus* (18,9%), espécies de *Scutellonema* (0,7%), espécies de *Radopholus* (21,0%) e espécies de *Ditylenchus* (4,2%). Estes nemátodos foram recuperados das parcelas com e sem estrume de aves. Os géneros que aparecem neste estudo foram extraídos há algum tempo num sistema convencional sem adubo orgânico.

Quadro 2: Nemátodo das raízes de pimentão

Plot	P₁	P₂	P₃	P₄	P₅	
			Treatment			
Nematode genera	3kg (%)	2kg (%)	1kg (%)	TBNBP (%)	BPCBNT (%)	Total
Hoplolaimus	3 (12.0)	0	3 (5.5)	0	33 (20.4)	39 (13.9)
Pratylenchus	13 (52.0)	17 (44.7)	7 (12.7)	0	27 (16.6)	64 (22.8)
Meloidogyne	8 (32.0)	10 (26.3)	15 (27.3)	0	18 (11.1)	51 (18.2)
Helicotylenchus	0	1 (2.6)	11 (20.0)	0	41 (25.3)	53 (18.9)
Scutellonema	0	2 (5.3)	0	0	0	2 (0.7)
Radopholus	1 (4.0)	5 ((13.2)	10 (18.2)	0	43 (26.5)	59 (21.0)
Ditylenchus	0	3 (7.8)	9 (16.4)	0	0	12 (4.2)
Total	**25 (8.9)**	**38 (13.6)**	**55 (19.6)**	**0**	**162 (57.9)**	**280(100)**

Pv .000 F 7.557

Key
TNBP – Treated but No bell pepper cultivated
NTBC – Not treated but cultivated with bell pepper

Taxa de infecciosidade do nemátodo

O exame físico da planta de pimentão revela sintomas de infecciosidade do nemátodo. Os sintomas mais frequentemente observados neste estudo foram a murchidão, a morte, a raiz atarracada, a necrose e a galha radicular. A ocorrência de sintomas foliares foi alta na parcela P5 sem tratamento com composto de esterco de aves quando comparada com a observação nas parcelas p_1, p_2 e p_3 com tratamento de composto de esterco de aves como emenda orgânica. A parcela p4 não tinha pimentão; não foi feita qualquer observação. Os sintomas subterrâneos mostram que os pimentões das parcelas P3 e P5 registaram infecções graves, ao contrário do que se observou nas parcelas P2 e P1, com infecções muito ligeiras e sem infecções, respetivamente.

Quadro 3: Evidência de infecciosidade (sintomas foliares)

Plot	P_1	P_2	P_3	P_4	P_5
Treatment **Symptoms**	3kg (%)	2kg (%)	1kg (%)	TNBP (%)	NTBC (%)
Wilting	-	+	+	0	+
Die back	-		+	0	-
Stubby root	+	+	+	0	+
Necrosis				0	+
Excessive root branches	+	+	+	0	+

Key
TNBP – Treated but No bell pepper cultivated
NTBC – Not treated but cultivated with bell pepper

Quadro 4: **Taxa do índice de galhas (IG)**

Plots (Treatment)	Egg masses	Infection rate
P1 (3kg)	0	No infection
P2 (2kg)	2	Very light
P3 (1kg)	33	Severe
P4 (NT)	52	Severe

Key
NT – No treatment

Estrume de aves de capoeira no crescimento e rendimento do pimento

O crescimento médio e as caraterísticas de rendimento do pimentão examinados em relação a cada nível de tratamento mostram 25,3 cm, 25,2 cm e 34,4 cm para a altura do caule (SH) a 3 kg, 2 kg e 1 kg, respetivamente, a parcela P5 sem tratamento tinha 20,3 cm. O número de folhas (LN) foi de 32,5, 25,2, 23,5 e 23,5 para os tratamentos de 3kg, 2kg, 1kg e a parcela sem tratamento, respetivamente. A medição da circunferência do pimentão mostrou 6,5 mm, 3,3 mm, 1,5 mm e 1,4 mm para os tratamentos de 3 kg, 2 kg e 1 kg e para a parcela sem tratamento, respetivamente. O número de frutos foi de 27,4, 32,0, 20,2 e 14,3 nas parcelas com 3kg, 2kg, 1kg e sem tratamento, respetivamente.

Quadro 5: Apresentação da média e do erro padrão dos parâmetros de rendimento do sino

Treatment	Yield feature examined			
	Stem height	Leaf number	Bell pepper girth	Fruit number
3 kg	25.3	32.5	6.5	27.4
2 kg	25.2	25.4	3.3	32.0
1kg	34.4	23.5	1.5	20.2
NT	20.3	23.5	1.4	14.3
Total	**105.2**	**104.9**	**71.2**	**93.9**

Discussão

A rizosfera radicular do pimentão apresenta um total de 1.257 nemátodos de 15 géneros nos tratamentos e réplicas amostrados. O resultado expressa que o pimentão é facilmente influenciado por nemátodos fitoparasitas. Noutro local do mesmo distrito, Ekine *et al.* (2020) registaram uma elevada incidência de nemátodos fitófagos em campos de cultivo de pepino. Esta observação apoia a opinião de que os nemátodos sobrevivem rapidamente em campos com hospedeiros adequados e tendem a lutar em ambientes competitivos (Gboeloh *et al.*, 2019). No entanto, a elevada população de espécies observada neste estudo foi afetada pela presença de pimentão e pela inclusão de estrume de aves composto. A parcela não cultivada com pimentão registou populações relativamente baixas de nemátodos em comparação com as parcelas com pimentão. Esta expressão mostra que o pimentão é um hospedeiro preferencial de nemátodos fitoparasitas endémicos nas parcelas em estudo. Esta observação está de acordo com a sugestão de que a peculiaridade do hospedeiro incita à rápida proliferação e profusão de nemátodos no ambiente do solo (Gboeloh *et al.*, 2019; Ekine *et al.*, 2020).

Os tecidos radiculares do pimentão tinham 280 nemátodos de 7 géneros. Um conjunto maior (57,8%) foi observado na parcela sem tratamento com composto de esterco de aves. Este cenário sugere que o composto de esterco de aves confere algum nível de resistência e obstrui a entrada de nematóides nos tecidos radiculares do pimentão. Han *et al.* (2016) relata que a incorporação de plantas ou estrume de animais no solo pode agitar a camada exterior da cultura e inibir a penetração de agentes patogénicos transmitidos pelo solo.

A taxa de infeção por nemátodos foi grave na parcela 4 sem tratamento e na parcela 3 com tratamento limitado (1kg). No entanto, não se registaram infecções nas parcelas 1 e 2 com concentrações mais elevadas (3 kg e 2 kg, respetivamente) do tratamento. Esta observação mostra que os nemátodos fitoparasitas não foram capazes de estabelecer efeitos patológicos devido à influência do tratamento com estrume de aves, enquanto a vulnerabilidade na parcela de controlo (parcela 4) pode ser atribuída à ausência de tratamento com estrume de aves. A supressão da capacidade do nemátodo de iniciar o impacto patológico no pimentão nas parcelas 1 e 2 pode ser atribuída à secreção orgânica disponibilizada pelo composto de estrume de aves que aumentou a força do pimentão e inibe a influência dos nemátodos na cultura. Essa disposição implica que o esterco de aves é uma alternativa adequada como fertilizante para o manejo de nematoides. Faisal *et al.* (2017) relataram que a emenda orgânica aumenta a resistência da cultura contra infecções de organismos que vivem no solo, incluindo infecções de nematóides parasitas. No entanto, foram observados sintomas foliares intensos relacionados com a infecciosidade dos nemátodos na parcela de controlo, ao contrário das parcelas com tratamento com estrume de aves. Este resultado é uma evidência de que o estrume de aves de capoeira, se for corretamente embalado, pode minimizar as infecções iniciadas por fitoparasitas. Noutro local, Ekine e Ezenwaka (2023) relataram uma redução nas populações de nemátodos parasitas de plantas ao testarem a viabilidade do excremento de aves para a gestão de nemátodos.

Apesar da presença de nemátodos nos tecidos radiculares do pimentão nas parcelas com estrume de aves, os parâmetros vegetais examinados mostraram um desempenho de crescimento máximo nas parcelas P1, P2 e P3 com estrume de aves. Esta observação pode ser atribuída à elevada concentração de oligoelementos observada após a aplicação de estrume de aves. O número total de folhas, a circunferência do pimentão, a altura do caule e o número de frutos aumentaram muito com diferentes concentrações de estrume de aves. Este resultado sugere que a inclusão de estrume de aves melhora os nutrientes na forma utilizada pela planta e impulsiona as caraterísticas de crescimento do pimentão. Han *et al.* (2016) relataram um crescimento drástico da pimenta-do-reino com a aplicação de composto de esterco animal. No entanto, o crescimento e o rendimento do pimentão na parcela de controlo (parcela P5) foram relativamente mensuráveis em relação à parcela tratada. Este cenário pode ser atribuído à proximidade das parcelas de investigação e à mineralização dos nutrientes. O resultado concorda ainda que o estrume de aves pode reduzir adequadamente a infecciosidade do nemátodo e melhorar o rendimento do pimentão.

Conclusão

O estudo concluiu que o estrume de aves de capoeira é uma medida de controlo viável para os agentes patogénicos transmitidos pelo solo. O estrume de aves de capoeira tem a capacidade de aumentar a rigidez das culturas contra a infecciosidade dos nemátodos e de estimular o desempenho do crescimento para obter o máximo rendimento e melhorar a produção alimentar. O estudo também indica que o hábito de tratar o solo com estrume de aves de capoeira pode garantir a segurança alimentar.

Referências

Abduzor, S., & Haseeb, A (2010). Crescimento das plantas e nemátodos parasitas das plantas em resposta à correção do solo com rizobactérias promotoras do crescimento das plantas e fertilizante inorgânico no *feijão-pomba: Cajanuscajan L. World Applied Science Journal*, 8 (4), 411-413.

Adam, M., Holger, H., Elshahat, R., & Mona, A.H (2013). Ocorrência de nemátodos parasitas de plantas em explorações agrícolas biológicas no Egito. *Revista Internacional de Nematologia*, 23 (1), 82-90.

Agbenin, N.O. (2004). Potencialidades de emendas orgânicas no controlo de nemátodos parasitas de plantas. *Ciência da Proteção das Plantas*, 40 (1), 21-25.
http://doi:10.17221/1351-PPS.

Agbenin, N.O. (2011): Controlo biológico de nemátodos parasitas de plantas: perspectivas e desafios para o agricultor pobre africano. *Ciência da Proteção das Plantas*, 47 (2),62- 67.

Agyarko, K., & Asante, J.S, (2005). Dinâmica de nemátodos no solo alterado com folhas de nim e estrume de aves. *Asian Journal of Plant Science*,

4(4), 426-428.

Ahemed, A. F., Alsayed, A. A., Hossam, S.E., & Nomair, M.M (2012). Impacto do fertilizante orgânico e inorgânico na reprodução de nematóides e alteração bioquímica no tomate. *Não Ciência Biologia*, 4 (1), 48-55.

Ekine E.G (2020). Impacto do estrume de aves de capoeira na dinâmica dos nemátodos do solo e no rendimento do pimentão na Área do Governo Local de Abua/Odual, Estado de Rivers. Tese de doutoramento apresentada à escola de pós-graduação Ignatius Ajuru University of Education Port Harcourt, 124-129.

Faisal, M, Imaran, K, Umaur, A, Tanuir, S & Sabir, H (2017). Efeito do adubo orgânico e inorgânico no milho e seu impacto residual nas propriedades físico-químicas do solo. *Revista de Solos e Nutrição de Plantas*, 17 (1), 22-23.

Faisal, M., Imaran, K, Umaur, A, Tanuir, S & Sabir, H (2017). Efeito do Manre Orgânico e Inorgânico no Milho e seu Impacto Residual nas Propriedades Físico-Químicas do Solo. *Jornal do Solo e Nutrição de Plantas* 17 (1) 22-23.

Gboeloh L.B., Elele, K & Ekine, E.G (2019). Nemátodos parasitas de plantas associados ao pepino (*Cucumis sativa*) na área do governo local de Abua/Odual, no estado de Rivers.

International Journal of Science, Technology, Engineering, Mathematics and Science Education 4 (1) 23-31.

Han, S.H., Ji Y.A., Jaehong, H., Se, B.K., & Byung, B.P (2016). O efeito do adubo orgânico e do fertilizante químico e o crescimento e concentração de nutrientes do pimentão amarelo no sistema de viveiro. *Sociedade Florestal Coreana*, 12 (3), 137- 143.

Han, S.H., Ji Y.A., Jaehong, H., Se, B.K., & Byung, B.P (2016). O efeito do estrume orgânico e químico
fertilizante e o crescimento e concentração de nutrientes do pimento amarelo em sistema de viveiro. *Sociedade Florestal Coreana*, 12 (3), 137- 143.

McSorley, R (2011). Visão geral da emenda orgânica para o manejo de nematóides parasitas de plantas com estudo de caso da Flórida. *Jorunal de Nematologia,* 43 (2), 6981.

Mekete, T., Dababa, A., Sekora, N., Akyazi, F & Abebe (2012). Chave de identificação para o curso de identificação de nemátodos parasitas de plantas de importância agrícola. Um manual de identificação de nemátodos,109.

Nzeako S.O., Imafidor, H.O., Yessoutou k., & Van dr B (2013). Testando o impacto e o nematoide endoperiostático *Meleideayne Jauanica* na produtividade das culturas, usando a cultivar de tomate "Gboko" como um estudo de caso. *Nigeria Journal of plane Breading and Crop Science Research,* 1(1), 1-9.

Onu, I., & Aliyu, M, (2005). Avaliação de frutos em pó de quatro pimentos (*Capsicum* spp.) para o controlo de *Callosobruchus maculatus* (F) em sementes de feijão-frade armazenadas. *Revista Internacional de Gestão de Pragas,* 41(3), 143-145.

Southey, J.F (1986). Laboratory method for work with plant and soil nematodes. Her majesty's stationery office, Londres, 201.

Tema 2: Impacto da melhoria dos parâmetros físico-químicos do solo através da utilização de filtros de aves de capoeira na dinâmica das populações de nemátodos

Resumo

O crescimento das plantas depende dos nutrientes do solo. A capacidade de um solo agrícola se manter viável depende em grande medida das suas caraterísticas físico-químicas, que podem ser restauradas através de fertilizantes artificiais ou naturais. Quando adicionados ao solo como corretivos, os resíduos para melhoramento do solo podem ter um impacto positivo nos parâmetros físico-químicos do solo e nas associações activas, reduzindo as populações de agentes patogénicos nos campos cultivados. Foi efectuado um estudo para determinar o impacto da melhoria dos parâmetros físico-químicos do solo na dinâmica da população de nemátodos, utilizando filtros de aves de capoeira crus. A amostragem do solo foi efectuada antes e depois da melhoria das caraterísticas físico-químicas do solo através da técnica parasitológica. O solo foi recolhido com um trado de solo modificado a uma profundidade de 0-15 cm. A extração dos nemátodos foi feita utilizando a técnica da placa de peneiração modificada e os nemátodos foram identificados utilizando uma chave pictórica de nemátodos. A amostragem antes da melhoria dos parâmetros físico-químicos do solo revelou um total de 216 nemátodos de 8 géneros, ao passo que a pós-aplicação de excrementos de aves de capoeira compostos apresentou um total de 601 nemátodos de 16 géneros. Foi registada uma elevada dinâmica na população de nemátodos na parcela experimentada após a melhoria dos parâmetros físico-químicos do solo com a aplicação de excrementos compostos de aves de capoeira. Esta observação é indicativa de que a melhoria das caraterísticas físico-químicas do solo tem um impacto positivo na propagação de nemátodos. O estudo também observou que as populações de nemátodes fitoparasitas diminuem à medida que os nemátodes omnívoros e predadores registam um aumento razoável no solo após a melhoria do solo, o que indica que a utilização de nemátodes omnívoros, se devidamente obtidos, pode constituir uma opção alternativa na gestão e controlo de espécies de nemátodes que se alimentam de plantas no solo.

Palavras-chave: Melhorado, Dinâmica populacional, Caraterísticas físico-químicas, Dejectos de aves de capoeira, Solo.

Introdução

O solo é um fator significativo do qual as plantas dependem para sobreviver. É um meio auto-existente para o fornecimento de alimentos e nutrientes para o crescimento adequado das plantas. O solo apresenta uma variedade de caraterísticas que são benéficas para os seres vivos, desde as plantas aos animais, incluindo o homem. Devido à sua natureza heterogénea, o solo desempenha um papel regulador significativo no ecossistema, que desencadeia actividades agronómicas regenerativas viáveis (Wodaje & Alemayehu, 2015; Herk, 2012; Sani et al., 2012). Pode ser influenciado por estratégias de gestão agrícola através de medidas positivas e negativas, incluindo a incorporação de fertilizantes naturais e sintéticos (Lavelle e Espanha, 2001; Herk, 2012). De acordo com Rupa *et al.* (2003); Herk (2012); Wodaje e Alemayehu, (2013); Nadara *et al.* (2017), o solo pode servir como um filtro e um sistema para a transformação de elementos benéficos relevantes e manter o ecossistema global a salvo de contaminantes nocivos. O solo é um bem natural do qual o ser humano depende para a continuidade da vida.

A viabilidade de um solo agrícola depende praticamente das suas propriedades físico-químicas. As caraterísticas físico-químicas de cada tipo de solo constituem um fator determinante na sua função de manutenção da vida e podem ser renovadas com a incorporação de fertilizantes naturais ou artificiais. Tem sido relatado que a adição de fertilizantes no solo ativa as suas caraterísticas constituídas e ajuda a melhorar as culturas (Chavarria *et al.*, 2001; Herk, 2012). Uma variedade de estudos, incluindo Nadara *et al.*, (2017), Ahmed *et al.* (2012); Chen *et al.* (2012) e McSorley (2011), relata que a cultura de utilização de fertilizantes na agricultura para aumentar a nutrição do solo teve um impacto positivo nas suas caraterísticas físico-químicas e também resultou na redução gradual de infecções iniciadas por micróbios patogénicos do solo em campos cultivados em todo o mundo. Os resíduos para o melhoramento do solo, quando inseridos como emendas do solo, podem aumentar a capacidade do solo para conservar água suficiente, provocar modificações no ecossistema do solo e melhorar a remoção natural no ambiente argiloso e ter impacto nas associações activas (Chavarria *et al.*,

2001; Bullck *et al.*, 2002; Chelleni, 2006). Por conseguinte, é importante testar os impactos do melhoramento do solo utilizando excrementos de aves de capoeira na dinâmica dos nemátodos.

Os nemátodos parasitas das plantas são parasitas do solo de importância agronómica. Constituem uma parte essencial da variedade de organismos vivos com impacto na melhoria do solo. A sua existência no solo constitui uma ameaça para o agricultor. Isto deve-se ao facto de infligirem às plantas diferentes graus de lesões que, em muitos casos, resultaram na escassez de disponibilidade de alimentos. Consequentemente, para alcançar a segurança alimentar, especialmente na Nigéria, é necessária uma estratégia de controlo adequada destes vermes do solo. A adoção de medidas de controlo tangíveis para evitar os sinais negativos sobre a segurança alimentar impostos pelos nemátodos fitoparasitas continua a ser uma preocupação para o agricultor. No entanto, a compreensão do papel dos excrementos de aves de capoeira na dinâmica dos nemátodos e na melhoria do solo pode ser útil para iniciar uma estratégia de controlo das infecções das culturas influenciadas por nemátodos. Por conseguinte, este estudo tem por objetivo avaliar o impacto da melhoria das caraterísticas físico-químicas do solo na dinâmica da população de nemátodos, utilizando filtros de aves de capoeira.

Materiais e métodos

Local do estudo

Este estudo foi efectuado em Abua, Abua/ Odual Local Government of Rivers State, Nigéria. Abua está situada a 4° 49.502¹ N, 6° 39.067¹ E. Abua partilha as mesmas condições climáticas que outras comunidades do Delta do Níger, na Nigéria. A sua humidade relativa varia entre 80-90% e tem uma precipitação média de cerca de 2500-5500mm com uma temperatura anual de 27° C - 35° C. A vegetação é típica de floresta tropical. Os indígenas da área de estudo são predominantemente agricultores e as culturas mais comuns incluem a mandioca, o pepino, o pimento, o quiabo e o tomate. A agricultura é uma cultura em Abua.

Projeto experimental: O método de seleção aleatória foi adotado para este estudo. Este método foi adotado para garantir que todos os grupos apresentassem as mesmas hipóteses de seleção.

Aquisição do local de investigação: O campo experimental utilizado para este estudo foi adquirido à família Marvin na comunidade de Iwofe, Port Harcourt; a 2 km da Universidade de Educação Ignatius Ajuru, Port Harcourt. O local da experiência mede 30 m x 30 m e está situado em $4^0 51^1 27^{11}$ N $6^0 38^1 50^{11}$ E.

Disposição do campo: A vegetação autóctone que ocupava o local do experimento (30 x 30 metros) foi removida manualmente com o uso de uma roçadeira doméstica antes da amostragem do solo e da aplicação de excrementos de aves como adubo orgânico para a melhoria das propriedades físico-químicas do solo.

Preparação/aplicação de excrementos de aves: Os excrementos de aves utilizados neste estudo foram preparados numa instalação improvisada, utilizando excrementos de aves da quinta Opelia. Os filtros de aves de capoeira em bruto foram esvaziados num orifício de 3 profundidades de encaixe e a instalação foi ligada com um intervalo de vinte e quatro horas com a utilização de um forte agitador de 2 por 2 m para homogeneizar o estrume de aves de capoeira. Permitiu-se que esta instalação permanecesse durante catorze dias para assegurar a decomposição adequada e o fornecimento de estrume maduro. O estrume maduro foi colhido e aplicado como estrume orgânico.

O composto de estrume de aves foi aplicado aleatoriamente na parcela experimentada. A aplicação foi efectuada na superfície da cobertura vegetal com uma espátula manual à razão de 2 kg em toda a parcela experimentada e foi deixada a mineralizar durante 18 dias antes do início da segunda fase de amostragem do solo para determinar a dinâmica da população de nemátodos.

Determinação das propriedades físico-químicas do solo: Os parâmetros físico-químicos do solo foram melhorados com a utilização de filtros de aves de capoeira compostos como adubo orgânico. Antes da aplicação dos excrementos de aves, as propriedades físico-químicas do solo foram determinadas de acordo com o método descrito por Walkey e Black (1934) e Jackson (1967). Os nemátodos indígenas da parcela experimentada foram também determinados antes e depois do melhoramento do solo.

Preparação das camas: Após a limpeza da parcela experimentada, foram feitos 25 canteiros de 15 metros de comprimento na parcela experimentada.

Procedimento de amostragem

Imediatamente após a limpeza da parcela experimentada, foram recolhidas aleatoriamente 50 amostras de solo a uma profundidade de 0-15 cm para testar os nemátodos indígenas da parcela. A recolha de solo foi repetida após a preparação dos canteiros, sete dias após a primeira amostragem, antes da aplicação do composto de excrementos de aves. Estas amostras foram analisadas quanto à população de nemátodos antes da melhoria das propriedades físico-químicas do solo.

Foram novamente recolhidas amostras de solo da mesma parcela catorze e vinte e um dias após a aplicação dos excrementos compostos de aves de capoeira a 0-15 cm de profundidade. Isto foi feito para determinar a dinâmica da população de nemátodos após a aplicação de estrume de aves composto como uma estratégia de melhoria das propriedades físico-químicas do solo. As amostras de solo foram ensacadas em sacos impermeáveis bem identificados e transportadas para o laboratório de investigação para extração de nemátodos.

Extração de nemátodos do solo

Para a extração de nemátodos, utilizou-se o método de crivagem modificado, tal como descrito em Ekine *et al.* (2020). As amostras de solo em cada saco impermeável branco foram esvaziadas numa placa de 5 m por 7 m e examinadas para detetar e eliminar detritos, após o que 100 subamostras do solo foram espalhadas uniformemente em papel de seda apoiado numa peneira de plástico colocada numa placa de plástico. Adicionou-se água suavemente até o solo ficar húmido. O sistema de extração foi deixado em repouso durante 48 horas no laboratório. Depois disso, o solo foi deitado fora e a suspensão de nemátodos foi vertida em frascos de amostras limpos, devidamente rotulados e fixados com 2 gotas de formalina a 5%, deixando-se assentar para observação microscópica e contagem e identificação dos nemátodos.

Identificação de nemátodos

Os nemátodos foram identificados utilizando as objectivas x4 e x10 do microscópio de luz e a identificação foi feita de acordo com as chaves pictóricas de Brzeski (1998); Mekete *et al.* (2012) e Siddqi (2000).

Análise de dados

A percentagem de ocorrência de nemátodos na primeira amostragem foi obtida utilizando n/N x 100. Onde n é a frequência de ocorrência de géneros individuais de nemátodos e N a riqueza total de nemátodos extraída no estudo. Os dados obtidos no estudo foram analisados com o programa Special Package for Social Science (SPSS) versão 23, utilizando o teste t pareado. A dinâmica dos nemátodes entre os estágios de amostragem foi testada usando ANOVA.

Resultados

População de nemátodos na parcela experimental antes da melhoria dos parâmetros físico-químicos do solo

A primeira e a segunda amostragem da parcela experimentada antes da aplicação do composto de excrementos de aves de capoeira revelaram um total de 216 nemátodos de 8 e 7 géneros, respetivamente. A espécie *Pratylenchus*, com 19,0%, tem a ocorrência mais elevada, seguida de perto pela espécie *Heterodera*, com 17,6%, enquanto a espécie *Scutellonema*, com 2,3%, ocorre menos do que qualquer outro nemátodo nas amostras de solo antes da aplicação de estrume composto de aves de capoeira. Também foram encontradas nesta fase de amostragem do solo espécies *de Meloidogyne* 17,1%, espécies de *Longidorus* 15,3%, espécies *de Rhabditis* 11,6%, espécies de *Aphelenchus* 8,8% e espécies de *Tetylenchus* 8,3%.

Quadro 1: População de nemátodes antes da melhoria das caraterísticas físico-químicas do solo

Nematodes spp	First sampling (%)	Second sampling (%)	Overall occurrence (%)
Radopholus	12 (13.2)	7 (5.6)	19 (8.8)
Heterodera	21 (23.0)	17 (13.6)	38 (17.6)
Longidorus	8 (8.8)	25 (20.0)	33 (15.3)
Meloidogyne	16 (17.6)	21 (16.8)	37 (17.1)
Pratylenchus	18 (19.8)	23 (18.4)	41 (19.0)
Rhabditis	4 (4.4)	21 (16.8)	25 (11.6)
Scutellonema	5 (5.5)	0	5 (2.3)
Helicotylenchus	7 (7.7)	11 (8.8)	18 (8.3)
Total	**91 (42.1)**	**125 (58.9)**	**216**

P value =0.223

Influência dos filtros de aves de capoeira nos parâmetros físico-químicos do solo

Neste estudo, foram testadas 16 propriedades físico-químicas do solo. O resultado mostrou o valor médio das propriedades físico-químicas do solo antes e depois da aplicação do composto de excrementos de aves. O resultado mostrou que o Conteúdo Orgânico Total (TOC %) antes e depois da aplicação do composto de excrementos de aves era de 0,78% e 3,64%, respetivamente. A Matéria Orgânica Total (TOM %) foi de 1,35% e 6,04%, respetivamente, enquanto a condutividade elétrica (EC μm/cm) foi de 40,16μm/cm e 71,55 LiiiVcm na pré e pós-aplicação. O Hidrocarboneto Total (THC mg/kg) na pré e pós-aplicação foi de 3,74 mg/kg e 5,82 mg/kg, respetivamente, enquanto o valor do pH foi de 3,4 e 3,8 na pré e pós-aplicação de excrementos de aves compostas. O resultado para o Magnésio (Mg) mostra 1,05 e 5,21 para a pré e pós aplicação, o Potássio (K) registou 0,10% e 2,61% enquanto o resultado para o Azoto (N) foi de 0,03% e 4,05% na pré e pós aplicação respetivamente. O nitrato ($NO2^-$) antes e depois da aplicação do fertilizante inorgânico foi de 0,04mg/kg e 1,07mg/kg, enquanto o cloro (Cl mg/kg) foi de 2,46 mg/kg e 6,56 mg/kg antes e depois da aplicação do fertilizante inorgânico, respetivamente. O cálcio (Ca) disponível antes e depois da aplicação foi de 0,20 e 3,75, enquanto o fósforo (P %) foi de 0,52% e 5,72% antes e depois da aplicação, respetivamente. O amoníaco (NH_4 mg/kg) no solo antes e depois da aplicação do composto de estrume de aves foi de 0,48 mg/kg e 2,09 mg/kg, respetivamente, enquanto o sódio (Na) foi de 0,31 na pré-aplicação e 0,56 na pós-aplicação, enquanto o manganês (Mn) foi de 1,45mg/kg e 5,12mg/kg na pré e pós-aplicação, respetivamente. As quantidades de Zinco (Zn) na pré e pós-aplicação de estrume de aves de capoeira foram de 0,42 mg e 3,44 mg, respetivamente.

Quadro 2: Influência do estrume de aves de capoeira nos parâmetros físico-químicos do solo

Physicochemical parameters	TOC %	TOM %	EC µs/cm	THC mg/kg	pH	Mg	K	N	NO$_2$ mg/kg	Cl mg/kg	Ca	P %	NH$_4$ mg/kg	Na	Mn	Zn
BAOPM	0.78	1.35	40.16	3.74	3.4	1.05	0.10	0.03	0.04	2.46	0.20	0.52	0.47	0.31	1.45	0.24
AAOPM	3.64	6.04	71.55	5.82	3.8	5.21	2.61	4.05	1.07	6.56	3.75	5.72	2.09	0.56	5.12	3.44

BAOPM= before application of poultry droppings
AAOPM = after application of poultry droppings
Key:

TOC % Total organic content
TOM % Total organic Carbon
EC   Electrical conductivity µs/cm

THC Total hydrocarbon mg/kg
pH   Hydrogen concentration
Na   Sodium ppm
K   Potassium ppm
P   % Phosphorus

NO$_2$ Nitrate mg/kg
NH$_4$ Ammonia mg/kg
Zn   Zinc mg/kg

Ca   Calcium mg/kg
Mn   Manganese mg/kg
N   % Nitrogen
Cl$^-$ Chloride mg/kg
Mg   Magnesium mg/kg

População de nemátodos após a melhoria dos parâmetros físico-químicos do solo

A amostragem do solo após a aplicação de excrementos compostos de aves de capoeira para melhorar as propriedades físico-químicas do solo revelou um conjunto global de 601 nemátodos de 16 géneros. Os nemátodos aqui registados são *Ditylenchus, Meloidogyne, Aphelenchus. Rhabditis, Longidorus, Paratylenchus, Dorylaimus, Hoplolaimus, Monochus, Monochid, Aphelenchoides, Tetylenchus, Arolaimus, Belonolaimus, Scutellonema* e espécies de *Hoplolaimus*. A espécie mais prevalente nesta fase da amostragem do solo foi a espécie *Rhabditis*, com 9,7%, seguida de perto pela espécie *Paratylenchus*, com 9,3%, enquanto a espécie *Hoplolaimus* aparece menos do que qualquer outro género e espécie.

Quadro 3: População de nemátodes após a melhoria dos parâmetros físico-químicos do solo

Nematodes spp	Depth related occurrence		
	Third sampling (%)	Fourth sampling (%)	Over all assemblage (%)
Aphelenchoides	24 (6.1)	20 (9.8)	44 (7.3)
Arolaimus	29 (7.3)	9 (4.4)	38 (6.3)
Belonolaimus	0	10 (4.9)	10 (1.7)
Ditylenchus	33 (8.3)	19 (9.3)	52 (8.7)
Dorylaimus	24 (6.1)	17 (8.3)	41 (6.8)
Longidorus	17 (4.3)	0	17 (2.8)
Paratylenchus	42 (10.6)	14 (6.8)	56 (9.3)
Rhabditis	35 (8.8)	23 (11.2)	58 (9.7)
Aphelenchus	48 (12.1)	8 (3.90	57 (9.5)
Hoplolaimus	19 (4.8)	0	19 (3.2)
Pratylenchus	33 (8.3)	7 (3.4)	40 (6.7)
Meloidogyne	22 (5.6)	0	22 (3.7)
Monochid	23 (5.8)	24 (11.7)	47 (7.8)
Tetylenchus	12 (3.00	7 (3.4)	19 (3.2)
Scutellonema	0	32 (15.6)	32 (5.3)
Monochus	35 (8.8)	15 (7.3)	50 (8.3)
No of genera : 16	396 (65.9)	205 (34.1)	601 (62.0)

Efeitos dos excrementos de aves de capoeira na composição da comunidade de nemátodos

A incidência real de nemátodos antes do melhoramento do solo com a aplicação de filtros de aves de capoeira mostra populações elevadas de nemátodos patogénicos para as plantas no solo. Por exemplo, géneros como *Pratylenchus* (19,0%) e *Meliodogyne* (17,1%), que têm sido relatados como os nemátodes mais prejudiciais para as plantas cultivadas, encabeçam a lista de nemátodes. No entanto, as populações de nemátodos eram maioritariamente compostas por espécies de vida livre como *Rhabditis* (9,7%), *Aphelenchus* (9,5%), *Monochus* (8,3%) na parcela de investigação após o melhoramento do solo com a aplicação de filtros de aves de capoeira.

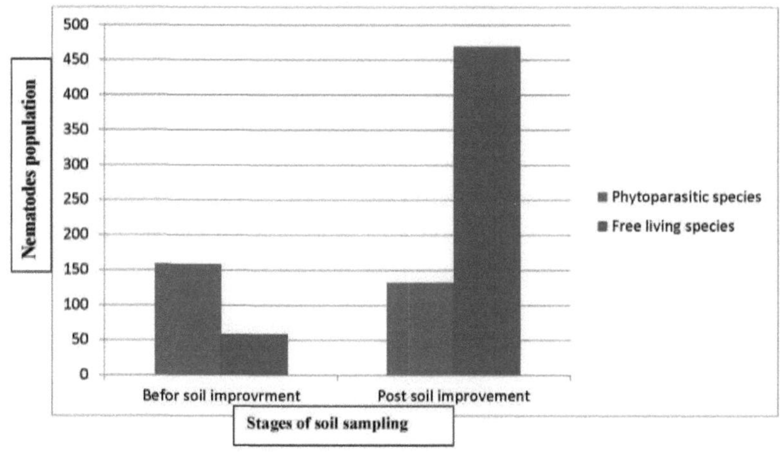

Discussão

A utilização de fertilizante orgânico para melhorar as caraterísticas físico-químicas do solo tem-se expandido nos últimos tempos devido às suas consequências na melhoria dos elementos vestigiais do solo e à agitação do aparecimento de espécies que se alimentam de nemátodos no solo, o que pode resultar numa maior biodiversidade de organismos do solo e, em última análise, no aumento das associações de nemátodos no solo e na melhoria da sobrevivência das culturas. Neste estudo, o conjunto atual de nemátodos antes da melhoria das caraterísticas físico-químicas do solo era de 216; um valor relativamente baixo em comparação com o resultado de um estudo semelhante noutro local que registou um conjunto elevado de nemátodos no local não perturbado em pousio (Agyarko & Asante, 2005). A baixa população de nemátodos observada na parcela de investigação antes da melhoria das propriedades físico-químicas do solo pode ser atribuída à natureza heterogénea da parcela antes da limpeza. Esta observação implica que a diversidade das vegetações indígenas na parcela tem um impacto direto na abundância da população de nemátodos no campo. Ekine *et al.* (2020) opinaram que os nemátodos do solo manifestam uma peculiaridade do hospedeiro no campo e podem desenvolver-se bem apenas na presença desse hospedeiro.

Foi registada uma elevada dinâmica nas populações de nemátodos na parcela experimentada após a melhoria das propriedades físico-químicas do solo com a aplicação de filtros de aves de capoeira compostos. A elevada dinâmica dos géneros e espécies de nemátodos observada na segunda fase da amostragem do solo mostra que a melhoria das caraterísticas físico-químicas do solo tem um impacto positivo na propagação dos nemátodos e possivelmente tornou o ambiente do solo mais favorável à proliferação e profusão de nemátodos. Também sugere que a composição de excrementos de aves de capoeira enriquece o solo com nutrientes que não existiam anteriormente e disponibiliza alimento suficiente para a sobrevivência dos nemátodos. Noutros locais, Amy *et al.* (2003), Agu (2008) e Ahemed *et al.* (2012) relataram uma população elevada de nemátodos no solo com a adição de fertilizantes inorgânicos e orgânicos. Neste estudo, a proliferação de nemátodos e a taxa de sobrevivência foram influenciadas pela melhoria das propriedades físico-químicas do solo aquando da aplicação de filtros de aves de capoeira compostos.

A melhoria das propriedades físico-químicas do solo incita o aparecimento de espécies latentes que incluem principalmente géneros de vida livre e géneros que se alimentam de nemátodos. A dinâmica populacional observada neste estudo pode ser atribuída ao aumento da competição entre nemátodos devido à disponibilidade de nutrientes aquando da aplicação dos excrementos de aves de capoeira. Também indica que a melhoria das propriedades físico-químicas do solo não erradica absolutamente os nemátodos, mas aumenta as suas populações. No entanto, apresenta populações mais elevadas de espécies omnívoras/predadoras que representam um perigo para os géneros que se alimentam de plantas, pelo que pode servir como opção de gestão para os nemátodos que se alimentam de plantas. A disseminação de nemátodos observada após a melhoria das propriedades físico-químicas do solo neste estudo pode também ser atribuída ao ambiente favorável do solo e à melhoria dos oligoelementos. Esta observação está em conformidade com Daramola *et al.* (2015) e Ekine e Ezenwaka (2023), que sugerem que a melhoria dos elementos vestigiais do solo através da aplicação de fertilizantes animais pode estimular interações heterogéneas no organismo do solo e melhorar as associações de nemátodos no solo.

Os resultados do presente estudo revelaram uma disparidade na composição da comunidade de nemátodos relacionada com o padrão de alimentação em cada fase da amostragem do solo, que está relacionada com a melhoria das caraterísticas físico-químicas do solo após a adição de fertilizantes orgânicos. Na primeira e na segunda amostragem (Quadro 1), foram registados 216 nemátodos de 8 e 7 géneros. Esta observação pode ter sido influenciada pela limitação de nutrientes no solo e pela diversidade na composição da vegetação removida antes da amostragem do solo. No entanto, as populações de nemátodes aumentaram tremendamente após o tratamento do solo com composto de excrementos de aves de capoeira, tendo sido registados 601 nemátodes de 16 géneros. As variações na abundância de nemátodos em cada fase da amostragem do solo realçam a importância de melhorar as propriedades físico-químicas do solo na profusão de nemátodos utilizando técnicas agrícolas modernas, incluindo a utilização de fertilizantes orgânicos como os excrementos de aves. Ekine (2020) refere que a utilização de estrume, orgânico ou inorgânico, como estratégia agrícola tem um impacto residual nas caraterísticas físico-químicas do solo e pode também influenciar os organismos do solo.

Neste estudo, as populações de nemátodes fitoparasitas diminuíram enquanto os nemátodes omnívoros e predadores registaram um aumento razoável no solo após o melhoramento (fig. 1). Este resultado é indicativo de que a utilização de nemátodos omnívoros, se adequadamente obtidos, pode constituir uma opção alternativa na gestão e controlo de espécies de nemátodos que se alimentam de plantas no solo. Esta observação está de acordo com a afirmação de que as espécies fitófitas de nemátodes e os nemátodes omnívoros apresentam uma interação antagónica que pode levar à redução das espécies fitófitas (Lalramliana, 2007; Yadav, 2012).

Conclusão

É possível melhorar as caraterísticas físico-químicas do solo com impacto na dinâmica da população de nemátodos e reduzir as populações de nemátodos que se alimentam de plantas no solo com a utilização de excrementos de aves de capoeira.

Referências

Agu, C.M. (2008) Efeitos e adubo orgânico, tipos como doença do nó-nematoide da raiz e rendimento do feijão de inhame africano. *The Journal of American Science 4(1): 234 - 266.*

Agyarko, K. & Asante, J.S, (2005). Dinâmica de nemátodos no solo alterado com folhas de nim e estrume de aves. *Asian Journal of Plant Science* 4: 426-428.

Ahemed, A. F., Alsayed, A. A., Hossam, S.E & Nomair, M.M (2012). Impacto do Fertilizante Orgânico e Inorgânico na Reprodução de Nematóides e Alteração Bioquímica no Tomate. *Notulac Science Biology* 4 (1) 48-55.

Amy, M., Treonis, K. A., Sutton, S.K. & Unangst, J.E.W (2003). A matéria orgânica do solo determina a distribuição e a abundância de nemátodos em leques aluviais no Vale da Morte, Califórnia. *Journal of Nematology* 35(3): 289-293.

Bulluck, L. R., Barker, K. R. & Ristaino, J. B. (2002). Influências de corretivos orgânicos e sintéticos da fertilidade do solo nos grupos tróficos de nemátodos e na dinâmica da comunidade do tomateiro. *Applied Soil Ecology* 21: 233- 250.

Chavarria, C. J.A, Rodriguez, K. R, Kloepper, J.W & Morgan J.G. (2001). Mudanças nas populações de microorganismos associados a emendas orgânicas e benzaldeído para controlar nematóides parasitas de plantas. *Nematropica* 31:165-180.

Chen, S.Y., Sheaffer, C.C., Wyse, D.L., Nickel, P & Kandel, H (2012). Comunidades de nematóides parasitas de plantas e sua associação com fatores de solo em agricultura orgânica em Minnesota. *Journal of Nematology* 44 (4): 361-369.

Coyne, D.L., Cortada, L, Dalzell, J.J, Claudius-cole, A.O, Haukeland, S, Luambano, N & Talwana, H (2018). Nemátodos parasitas de plantas e segurança alimentar na África Subsaariana. *Revisão Anual de Fitopatologia* 56:381-403.

Ekine, E.G., Gboeloh, L.B., Imafidor, H.O & Elele, K (2020). Composição da comunidade de nemátodos e diversidade de espécies desde a pré-cultura até à colheita de pepino *(cucumis sativa)* em Abua, Estado de Rivers. *Jornal de Nematologia da Nigéria* 5, 19-29

Ekine, E.G, Gboeloh, L.B e Elele, K. 2018. Nemátodos parasitas de plantas de mandioca, *Manihot esculenta* cultivada na área do governo local de Ahoada East em
Estado de Rivers, Nigéria. *Relatório de Ciências Aplicadas,* 21, (2)38-42.

Ekine E.G (2020). Impacto do estrume de aves de capoeira na dinâmica dos nemátodos do solo e no rendimento do pimentão na Área do Governo Local de Abua/Odual, Estado de Rivers. Tese de doutoramento apresentada à escola de pós-graduação Ignatius Ajuru University of Education Port Harcourt, 124-129.

Faisal, M., Imaran, K, Umaur, A, Tanuir, S & Sabir, H (2017). Efeito do Manre Orgânico e Inorgânico no Milho e seu Impacto Residual nas Propriedades Físico-Químicas do Solo. *Jornal do Solo e Nutrição de Plantas* 17 (1) 22-23.

Ferris, H & Matute, M. M. (2003): Sucessão estrutural e funcional na fauna de nemátodes de uma teia alimentar do solo. *Applied Soil Ecology* 23: 93-110.

Herk, A.V (2012). Parâmetros físico-químicos em amostras de solo e vegetais do sítio agrícola de Gongulon, Maiduguri, Estado de Borno, Nigéria. *International Journals of Chemistry* (1) 21-36.

Imafidor. H.O & Ekine E.G (2016). Um levantamento das pragas de nemátodos da cultura *da mandioca (Manihotesculenta)* no estado de Rivers, Nigéria. *Jornal Africano de Zoologia Aplicada e Biologia Ambiental.* Vol. 18:17-18.

Lalramliana P (2007). Composição da fauna e distribuição de nemátodos entamopatogénicos e sua bioeficácia como agentes das principais pragas de insectos no distrito de Ri-bhoin de Meghalaya, Índia. P12-14.

McSorley, R (2011). Visão geral da emenda orgânica para o manejo de nematóides parasitas de plantas com estudo de caso da Flórida. *Jorunal de Nematologia* 43 (2), 217-225.

Mekete, T., Dababa, A., Sekora, N., Akyazi, F & Abebe, E (2012). Chave de identificação para o curso de identificação de nemátodos parasitas de plantas de importância agrícola. Um Manual de Nematologia. p 109.

Nadara K G.Mohammed K & Mohammed E.E (2017). Interação entre os parâmetros físico-químicos do solo e as comunidades de minhocas na área irrigada com água natural e águas residuais. *Jornal de Ciência do Solo Aplicada e Ambiental* 2(4)112-123.

Sani U, Uzairu A & Abba H (2012). Parâmetros físico-químicos do solo em algumas lixeiras selecionadas em Zaria e no seu ambiente. *Chemsearch Journal* 3 (1) 1-6.

Southey, J.F (1986). Laboratory methods for work with plant and soil nematodes. Her Majesty's stationary office , Londres. P 201.

Wodaje, A & Alemayehu, A (2015). Análise de parâmetros físico-químicos selecionados do solo utilizado para o cultivo de alho. *Revista de Pesquisa em Ciência, Tecnologia e Arte* 3 (4): 29-35.

Tema 3: Testar a viabilidade dos excrementos de aves de capoeira como opção na gestão dos nemátodos do solo em pimentão

Resumo

Uma pesquisa para avaliar a viabilidade dos excrementos de aves como opção de manejo para o controle de nematóides parasitas de plantas foi testada em pimentão. Foram pesquisadas fazendas de monocultura de pimentão cultivadas de forma convencional e outra com excrementos de aves como fertilizante. As amostras de solo foram recolhidas com uma espátula manual, enquanto as raízes foram recolhidas com uma faca de cozinha. A extração de nemátodos parasitas de plantas foi feita através do método da placa de peneiração. Os nemátodos foram identificados utilizando o microscópio de luz com objectivas de x4 e x10, e a identificação foi feita utilizando uma chave pictórica. As espécies fitoparasitárias predominaram na parcela convencional, enquanto as espécies predadoras de nemátodos registaram populações mais elevadas na parcela com excrementos de aves, uma observação que mostra que os nemátodos parasitas podem ser inibidos pela presença de espécies de vida livre. Esta observação sugere ainda que os excrementos de aves de capoeira podem ser adequadamente utilizados na gestão de nemátodos se forem devidamente harmonizados.

Palavras-chave: Exploração convencional, Parcela agrícola, Opção de gestão, Dejectos de aves, Viabilidade

Introdução

Uma saída tangível para a insegurança alimentar iminente entre as nações em desenvolvimento do mundo continua a ser um desafio, especialmente na Nigéria, onde o cultivo de culturas está a tornar-se rapidamente uma norma para a sobrevivência. Isto deve-se ao facto de os agricultores não terem um bom conhecimento do papel que os factores bióticos desempenham na melhoria do solo e na previsão do rendimento das culturas, pelo que se tornaram continuamente vítimas das actividades dos nemátodos parasitas no solo. Os nemátodos parasitas no solo têm sido relatados como factores significativos que obstruem a produção de culturas em África e promovem a insegurança alimentar. Acredita-se que cerca de vinte por cento da perda total de colheitas observada nos campos cultivados na sub-região da África Ocidental se deve à elevada prevalência de nemátodos patogénicos no solo

(Imafidor &Ekine, 2016; Coyne *et al.,* 2003). As actividades destes vermes que habitam o solo podem por vezes predispor as culturas a lesões e doenças oportunistas que, por sua vez, prejudicam o crescimento das culturas, reduzem o rendimento e facilitam a escassez de alimentos (El-Sheriny, 2011; Imafidor & Nzeako, 2008).

Devido ao prejuízo dos nemátodos que vivem no solo para o abastecimento alimentar e à necessidade de produção de alimentos, foram utilizadas várias medidas de controlo contra o parasita para minimizar os seus efeitos, melhorar o rendimento das culturas e travar a insegurança alimentar. No entanto, uma estratégia de gestão para os parasitas que não causaria a vida das culturas e manteria a beleza da natureza permaneceu um desafio significativo na agronematologia. Isto deve-se ao facto de as estratégias até agora exploradas poderem, em algum momento, resultar em distorção das culturas ou contaminação do ambiente (Abduzor & Haseeb, 2010), pelo que um bom conhecimento das vantagens dos excrementos de aves de capoeira como fertilizante orgânico com a potência de suprimir os nemátodos fitoparasitas poderia aumentar o rendimento das culturas locais e melhorar o abastecimento alimentar. Entre a variedade de opções utilizadas para o controlo dos nemátodos, a utilização de produtos químicos tem sido frequentemente referida. Considerando os malefícios da utilização de produtos químicos como materiais de controlo de pragas e a incapacidade dos agricultores locais de obterem esses produtos, bem como a necessidade de manter a beleza da natureza, tornou-se significativo que uma medida alternativa na estratégia de gestão de nemátodos que fosse acessível e mantivesse o ecossistema natural intacto fosse introduzida aos agricultores locais que mais frequentemente são vítimas das actividades dos nemátodos parasitas do solo.

Surgiram relatórios sobre a utilização de estrume orgânico para obter baixas populações de nemátodos nos campos e aumentar a produtividade das culturas, mas trata-se de uma combinação integrada de plantas e estrume animal. Por exemplo, Treonis (2010) utiliza estrume animal composto de vacas e aves de capoeira juntamente com estrume verde de quintal e registou um aumento positivo no rendimento das culturas. No seu estudo, Han *et al.* (2016) utilizaram uma mistura de adubo verde em combinação com fezes de diferentes animais e registaram um impacto positivo no rendimento das culturas. Agu (2008) utilizou filtros de aves de capoeira compostos em corporação com folhas frescas e registou uma melhoria do rendimento das culturas com o aumento da densidade populacional de nemátodos. Por conseguinte, este estudo tem por objetivo testar a viabilidade dos excrementos crus de aves de capoeira como opção na gestão dos nemátodos que habitam o solo.

Materiais e métodos

Local do estudo

Este estudo foi efectuado em Abua, no estado de River, na Nigéria. Fica a 92 km de Port Harcourt, a capital do estado de Rivers. Abua está situada a $4°\ 49.502^l$ N, $6°\ 39.067^l$ E e a sua vegetação é típica de floresta tropical húmida. Os indígenas são agricultores comerciais que se concentram sobretudo em culturas hortícolas como a pimenta, o quiabo e o tomate.

Designação dos sítios de investigação

Foram selecionadas, limpas e cultivadas para o estudo duas parcelas de terreno com 20 por 30 m cada, designadas PA (parcela A) e PB (parcela B). Na parcela A (PA) foi cultivada convencionalmente sem qualquer forma de fertilizantes e na parcela B (PB), foram utilizados excrementos de aves de capoeira crus como fertilizantes orgânicos. Ambas as parcelas foram monocultivadas com pimentão. As duas explorações foram cultivadas a uma distância de 4 quilómetros uma da outra, de modo a obter um certo nível de homogeneidade da qualidade da amostragem.

Procedimento de amostragem

Recolha de solo

Em cada parcela, PA e PB, foi recolhido um total de cem amostras de solo da região da raiz do pimentão a 0-15 cm de profundidade com um trado de solo modificado, perfazendo um total de duzentas amostras de solo. Estas amostras de solo foram embaladas em sacos brancos impermeáveis e transportadas para o laboratório de biologia da Universidade Ignatius Ajuru, Port Harcourt, para extração de nemátodos.

Recolha de raízes de pimentão

Nas explorações PA e PB, foram arrancados cem pés de pimentão, cinquenta em cada parcela. As raízes foram retiradas ao mesmo tempo que o solo, com a ajuda de uma faca de cozinha. As amostras foram devidamente embaladas em sacos brancos impermeáveis e levadas para o laboratório de biologia da Universidade Ignatius Ajuru, Port Harcourt, para extração de nemátodos.

Procedimento de extração de nemátodos

Os nemátodos foram extraídos utilizando o método da placa de peneiração, tal como descrito em Ekine *et al.* (2018).

As amostras de solo em cada saco de amostragem foram vertidas numa placa de borracha e foram bem misturadas, formando uma amostra global da qual foi retirada uma medida de 5 g de solo. Os 5 g de solo foram espalhados uniformemente sobre um círculo de papel de seda apoiado numa peneira de plástico colocada numa placa de plástico. Adicionou-se água à placa de extração suavemente até o solo ficar molhado mas não imerso. As instalações de extração foram deixadas no laboratório sem serem perturbadas durante dois dias. Após os dois dias, o solo foi removido. A alíquota de nemátodos foi esvaziada em frascos de amostras limpos e deixada sedimentar, fixada com formalina a 5 % e armazenada para observação ao microscópio. Foram retirados 0,1 ml da alíquota de nemátodos com uma pipeta e colocados em lâminas de vidro, que foram observadas utilizando objectivas x4 e x10 do microscópio de luz.

As raízes do pimentão foram cuidadosamente lavadas em água corrente para remover as partículas do solo e cortadas em segmentos de 2 cm antes de retirar uma subamostra de 5 g de massa fresca. A subamostra de 5g da amostra de raiz foi macerada num misturador elétrico (BLG450) durante 10-20 segundos a baixa velocidade. Cada subamostra macerada da raiz foi espalhada uniformemente sobre um pedaço de papel de seda apoiado numa peneira de plástico colocada sobre uma placa de plástico e seguiu-se o procedimento observado para o solo.

Identificação de nemátodos

Os nemátodos foram identificados utilizando o microscópio de luz com objectivas de x4 e x10, e a identificação foi feita utilizando uma chave pictórica de acordo com Southey, (1986) e Mekete *et al.*(2012).

Análise de dados

O teste t emparelhado e independente foi utilizado para testar a existência de diferenças na abundância de nemátodos entre as parcelas da exploração e a influência significativa dos excrementos das aves na dinâmica da população de nemátodos.

Resultados

A partir do solo e das raízes do pimentão na parcela A (PA) com sistema de cultivo convencional, um total de 426 nematóides de 11 gerais foram identificados como pragas do pimentão. Entre os 426 nemátodos recuperados na parcela A, 59% foram extraídos da rizosfera da raiz do pimentão, enquanto 41,1% foram obtidos do tecido da raiz do pimentão. O género de nemátode mais frequentemente identificado na rizosfera das raízes do pimento na parcela A (PA) com sistema de cultivo convencional foi *Pratylecnchus* (13,1%) e *Radopholus* (22,3%) assumiu a liderança no tecido radicular. No entanto, a ocorrência integrada no solo e nas raízes fez com que *Meliodogyne* (13,8%) fosse o mais frequentemente registado na parcela.

Quadro 1: População de nemátodos na parcela A (PA (exploração convencional)

Nematodes spp	Soil (%)	Root (%)	Overall abundance (%)	t
Hemicyclophora	18 (7.2)	21 (12.0)	39 (9.2)	
Paratylenchus	27 (10.7)	19 (10.8)	46 (10.8)	
Ditylenchus	5 (0.2)	31 (17.7)	36 (8.5)	
Meloidogyne	38 (15.1)	21 (12.0)	59 (13.8)	
Pratylenchus	33 (13.1)	17 (9.7)	50 (11.7)	
Tylenchus	37 (14.7)	12 (6.9)	49 (11.5)	
Helicutylenchus	41 (16.3)	2 (1.1)	43 (10.1)	
Rhabditis	25 (9.9)	0	25 (5.9)	
Hoplolaimus	12 (4.8)	4 (2.3)	16 (3.8)	
Radopholus	0	39 (22.3)	39 (9.2)	
Scutellonema	15 (5.9)	9 (5.1)	24 (5.6)	
Total	**251 (59.0)**	**175 (41.0)**	**426 (100)**	4.299

População de nemátodos em PB (parcela com excrementos de aves de capoeira)

Na parcela B (PB), onde a exploração tinha excrementos de aves, foram recuperados 390 nemátodos do solo e das raízes do pimentão. Os nemátodos mais frequentemente recuperados na parcela B (PB) foram géneros e espécies de vida livre, incluindo *Aphelenchoides, Ditylenchus, Dorylaimus, Meloidogyne, Radopholus, Monochus, Heterodera e Rhabditis,*

Pratylenchus, Rotylenchus, Paratylenchus, Xiphenema, Aphelenchus, Hoplolaimus e Arolaimus. Estes géneros foram, em muitas ocasiões, assinalados em explorações convencionais.

Quadro 2 População de nemátodos em Pb (parcela agrícola com excrementos de aves de capoeira)

Nematodes spp	Soil (%)	Root (%)	Overall occurrence (%)
Aphelenchoides	18 (5.4)	0	18 (4.6)
Ditylenchus	23 (6.8)	3 (5.4)	26 (6.60
Dorylaimus	28 (8.4)	0	28 (7.2)
Meloidogyne	31 (9.3)	16 (28)	47 (12.0)
Rotylenchus	19 (5.7)	21 (37.0)	40 (10.0)
Monochus	33 (9.8)	0	33 (8.5)
Heterodera	20 (5.0)	0	20 (5.1)
Rhabditis	12 (5.6)	0	12 (3.1)
Pratylenchs	9 (2.7)	12 (21.4)	21 (5.4)
Radopholuss	27 (8.1)	0	27 (6.9)
Paratylenchus	16 (4.8)	0	16 (4.1)
Xiphenema	34 (10.2)	0	34 (8.7
Aphelenchus	31 (9.3)	0	31 (7.9)
Hoplolaimus	12 (3.6)	4	16 (4.1)
Arolaimus	21 (6.3)	0	21 (5.4)
N = 15	**334 (85.6)**	**56 (14.4)**	**390 (100)**

Dinâmica populacional de nemátodos em relação à afiliação trófica e à diversidade

Os géneros de nemátodos que se alimentam de plantas, tais como *Meloidogyne, Pratylenchus, Tylenchus, Radopholus, Scutellonema, Pratylenchus, Hemicyclophora, Ditylenchus, Helicotylenchus*, apresentaram uma elevada prevalência na parcela A (pa) sem excrementos de aves de capoeira. No entanto, géneros de vida livre como nemátodos predadores, alimentadores de bactérias e fungos como *Rhabditis, Monochus, Dorylaimus, Aphelenchoides, Aphenchus* e *Arolaimus* foram peculiares na parcela B (PB) com excrementos de aves de capoeira crus como fertilizante orgânico. No entanto, foi observada uma dinâmica na diversidade de nemátodos, de tal forma que certos géneros de nemátodos, como *Meloidogyne, Radopholus, Pratylenchus, Ditylenchus, Hoplolaimus* e *Rhabditis*, foram registados em ambas as parcelas.

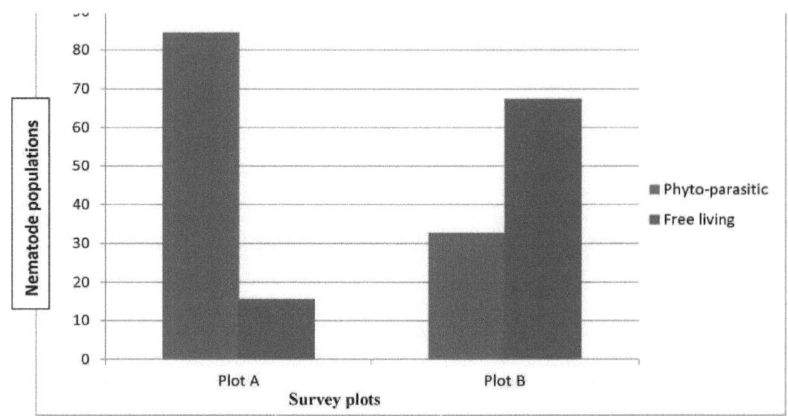

Fig 1: **Populações de nemátodos em função da afiliação trófica**
Legenda: Parcela A (P$_A$) = parcela agrícola convencional
        Parcela B (P$_B$) = parcela agrícola com excrementos de aves de capoeira como fertilizante

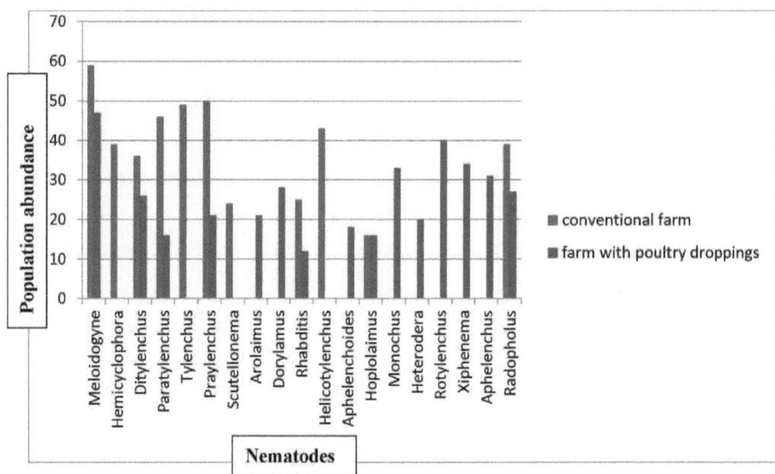

Fig 2: Dinâmica dos nemátodes na parcela A (exploração convencional) e na parcela B (exploração com excrementos de aves)

Discussão

Este estudo examinou a potência dos excrementos de aves de capoeira crus na supressão da abundância de nemátodos e comparou o conjunto de nemátodos numa exploração convencional e numa exploração biológica com excrementos de aves de capoeira como fertilizantes. O estudo registou uma abundância total de 516 nemátodos de 20 géneros e espécies. A população de nemátodos neste estudo é relativamente elevada em comparação com os 6 géneros registados no sistema de agricultura biológica no Egito (Adam *et al.*, 2013). Esta disparidade pode ser atribuída às condições ambientais dos locais de investigação, que são factores determinantes na assembleia de nemátodos. A assembleia relativamente elevada de nemátodos do solo observada neste estudo sugere que o pimentão é suscetível a infestações de nemátodos parasitas.

Da rizosfera radicular do pimentão na parcela PA (exploração convencional), foi extraído um total de 251 nemátodos, enquanto 334 nemátodos foram recuperados na PB (parcela com excrementos de aves). A prevalência relativamente elevada de nemátodos em PB é indicativa de que os excrementos de aves não têm a capacidade de reduzir drasticamente as populações de nemátodos no solo. Os excrementos de aves de capoeira melhoram os nutrientes do solo e estimulam o crescimento rápido e a proliferação de espécies latentes no ambiente do solo. No entanto, estas espécies são maioritariamente compostas por espécies de vida livre. O resultado estabelece ainda que os excrementos de aves de capoeira aumentam as necessidades minerais básicas do solo e tornam o ambiente do solo mais propício à propagação de nemátodos, predominantemente espécies predadoras. Pelo contrário, Farahat *et al.* (2012) refere que todos os tipos de fertilizantes orgânicos podem reduzir as populações de nemátodes no solo e podem não eliminar totalmente as infestações graves de nemátodes fitoparasitas. Esta dicotomia pode ser atribuída às espécies de nemátodos dominantes nos locais de investigação, ao tipo de cultura em análise e à época de investigação. O resultado desta pesquisa também mostra que a supressão da população pode ser alcançada com a aplicação prolongada de excrementos de aves durante um período de tempo.

O ensaio de raízes da exploração convencional revelou um total de 175 nemátodos endofíticos de 10 géneros, enquanto 56 nemátodos de 6 géneros foram extraídos da exploração com excrementos de aves. A partir dos resultados apresentados nas tabelas 1 e 2, o conjunto de nemátodos foi elevado na exploração convencional quando comparado com as populações observadas na parcela B da exploração com excrementos de aves. O aumento do número de nemátodos recuperados na exploração convencional (parcela PA) sugere que os nemátodos são verdadeiras pragas do pimento na área de estudo. As populações reduzidas de espécies registadas nos tecidos radiculares do pimentão na parcela PB com excrementos de aves implicam que os nemátodos nunca tiveram facilidade em penetrar nos tecidos radiculares devido à melhoria da cutícula conferida pela absorção de nutrientes disponibilizados no solo pelos excrementos de aves. Este resultado sugere ainda que o estrume de aves de capoeira aumenta a rigidez do pimento contra a penetração de micróbios do solo, incluindo nemátodos, pelo que pode servir como medida de gestão dos nemátodos do solo. Noutros locais, Bulluck *et al.* (2002), Farhat *et al.* (2012) e Efthmiadou *et al.* (2009) referiram que as raízes das culturas que sobrevivem em solos com um teor elevado de matéria orgânica registam frequentemente lesões limitadas com infestações de nemátodos do que as raízes das culturas em solos com um teor limitado de estrume orgânico.

Na exploração convencional (parcela PA), as populações de nemátodes eram compostas principalmente por espécies fitoparasitas. Esta observação pode ser atribuída à presença de pimentão. Esta observação indica ainda que os nemátodos são efetivamente pragas do pimentão em Abua (Fig. 1). Noutro local, Ekine *et al.* (2020) referiram que os nemátodos fitoparasitas se desenvolvem bem na presença de um hospedeiro adequado e podem apresentar hipobiose em ambientes com competições intensas. No entanto, nemátodos de elevada capacidade de pastoreio como *Dorylaimus, Aphelnchus, Monochus, Ditylenchus, Aphlenchoides, Arolaimus, Rhabditis* e *Xiphinema*, que constituem espécies de vida livre e omnívoras, dominaram a exploração agrícola biológica (PB) com excrementos de aves de capoeira. A disparidade na composição da comunidade de nemátodos observada nas parcelas PA e PB pode ser atribuída ao sistema de cultivo utilizado nas parcelas de investigação. Este resultado implica que os excrementos de aves utilizados na PB têm efeitos na composição da comunidade de nemátodos. As populações limitadas de espécies que se alimentam de plantas no PB sugerem que o surto de espécies omnívoras devido à utilização de excrementos de aves de capoeira pode ter suprimido as suas populações no solo. Esta observação mostra que os excrementos de aves de capoeira podem ser adequadamente utilizados como estratégia de gestão para o controlo de nemátodos. Farhat *et al.* (2012) e Ahmad e Siddiqui (2009) referiram que a aplicação de estrume de animais no solo pode promover o parasitismo ativo com espécies de nemátodos de vida livre e provocar a redução das espécies que se alimentam de plantas. As populações reais de nemátodes observadas neste estudo foram estatisticamente significativas ($p<0,05$), o que significa que o padrão de cultivo observado em ambas as parcelas de estudo mostrou influência na incidência e riqueza reais de nemátodes.

Conclusão

A partir do resultado deste estudo, pode deduzir-se que os excrementos de aves de capoeira podem servir como uma opção viável para a gestão de nemátodos fitoparasitas. O estudo opinou ainda que a presença de nemátodos de pastagem elevada, como os omnívoros ou fungívoros, inibe as actividades e as populações de espécies fitófitas.

Referências

Adam, M., Holger, H., Elshahat, R., & Mona, A.H (2013). Ocorrência de nemátodos parasitas de plantas em explorações agrícolas biológicas no Egito. *Revista Internacional de Nematologia,* 23 (1), 82-90.

Agu, C.M. (2008). Efeitos do cultivo intercalar na doença do nemátodo do nó da raiz na soja *(Glycine max L merril)*. *New York Science Journal,* 1(1), 43 - 46. https://doi.1554.0200.

Ahmad, F & Siddiqui, M.D (2009). Gestão do nemátodo das galhas Meloidogyne incognica no tomateiro. Pakistan Journal of Nematology 27 (2) 369-373.

Bulluck, L. R., Barker, K. R., & Ristaino, J. B. (2002). Influências de correcções orgânicas e sintéticas da fertilidade do solo nos grupos tróficos de nemátodos e na dinâmica da comunidade no tomateiro. *Applied Soil Ecology,* 21 (3), 233- 250.

Coyne, D.L., Cortada, L., Dalzell, J.J., Claudius-cole, A.O., Haukeland, S,

Luambano, N., & Talwana, H (2018). Nemátodos parasitas de plantas e segurança alimentar na África subsaariana. *Revisão Anual de Fitopatologia,* 56(4), 381-403.

Ekine, E.G., Gboeloh, L.B., Imafidor, H.O & Elele, K (2020). Composição da comunidade de nemátodos e diversidade de espécies desde a pré-cultura até à colheita de pepino *(cucumis sativa)* em Abua, Estado de Rivers. *Jornal de Nematologia da Nigéria* 5, 19-29

El-Sheriny, A.A.I (2011). Nemátodos fitoparasitas associados a arbustos, árvores e palmeiras ornamentais na Arábia Saudita, incluindo novos registos de hospedeiros. *Jornal de Nematologia do Paquistão* 29(2): 147-164.

Farahat, A, A., Alsayed, A. A., Hossam, S.E., & Nomair, M.M (2012). Impacto do fertilizante orgânico e inorgânico na reprodução de nematóides e alteração bioquímica no tomate. *Não Ciência Biologia,* 4 (1), 48-55.

Han, S.H., Ji Y.A., Jaehong, H., Se, B.K., & Byung, B.P (2016). O efeito do adubo orgânico e do fertilizante químico e o crescimento e concentração de nutrientes do pimentão amarelo no sistema de viveiro. *Sociedade Florestal Coreana,* 12 (3), 137- 143.

Imafidor, H.O & Nzeako, S.O (2008). Patogenecidade de *Meloidogyne javanica* no crescimento do tomate *Lycopersion esculentum (V. derica)* e efeitos no rendimento dos frutos. *Nigeria Journal of Parasitology,* 29(2), 121-124.

Imafidor. H.O & Ekine E.G (2016). Um levantamento das pragas de nemátodos da cultura *da mandioca (Manihotesculenta)* no estado de Rivers, Nigéria. *African Journal ofApplied Zoology & Environmental Biology* 18:17-18.

Mekete, T., Dababa, A., Sekora, N., Akyazi, F & Abebe (2012).Chave de identificação para o curso de identificação de nemátodos parasitas de plantas de importância agrícola. Um manual de identificação de nemátodos,109.

Southey, J.F (1986). Laboratory method for work with plant and soil nematodes. Her majesty's stationery office, Londres, 201.

Treonis, A. M. (2010). Efeitos da emenda orgânica e da lavoura nos microrganismos e na microfauna do solo.*Applied Soil Ecology,* 46(1), 103-110.

Tema 4: Influência das variações sazonais na dinâmica populacional de nemátodos fitoparasitas no solo e nas raízes do pimentão

Resumo

Foi efectuado um estudo para avaliar a influência da disparidade sazonal na assembleia de nemátodos parasitas de plantas no solo e nas raízes do pimentão durante as estações seca e chuvosa em Otari, na zona governamental local de Abua/Odual, Rivers, Nigéria. O método de amostragem aleatória foi adotado para o estudo. Foram selecionados e amostrados aleatoriamente cinco campos de cultivo de pimentão. Foi recolhido um total de 300 amostras de solo e efectuado um ensaio para deteção de nemátodos do solo. As amostras de solo foram recolhidas com um trado de solo a 0-15 cm de profundidade, e as raízes foram recolhidas com uma faca de cozinha esterilizada simultaneamente para o isolamento de nemátodos. O método da placa de peneira modificada foi utilizado para a extração de nemátodos. A identificação dos nemátodes foi efectuada utilizando uma chave pictórica. Neste estudo, foi registado um total de 2220 nemátodos de 11 géneros, dos quais 1290 (58,1%) foram recuperados durante a estação das chuvas, enquanto a estação seca apresentou 930 (41,9%) nemátodos. O resultado sugere que as variações sazonais têm impacto na abundância da população de nemátodos nos campos. Em cada mudança de estação seca para estação chuvosa ou de estação chuvosa para estação seca, o ecossistema do solo foi alterado devido ao excesso de sol na estação seca e à queda frequente de chuva na estação chuvosa, que são factores significativos que predizem as hipóteses de sobrevivência dos nemátodos no solo. O estudo também estabeleceu que os nemátodos são reactivos a todas as condições instáveis do ambiente do solo resultantes da disparidade sazonal, e só as espécies que se adaptam rapidamente sobrevivem.

Palavras-chave: Assemblage, Pimentão, Flutuações, Influência, População, Disparidade sazonal

Introdução

De um modo geral, os nemátodos têm sido implicados como pragas das culturas em todos os campos cultivados na Nigéria. Os nemátodos são versáteis (Imafidor & Ekine, 2016; Ekine et al., 2018; Gboeloh et al., 2019), infligindo às plantas uma variedade de lesões (Noling, 2009; Orluoma et al., 2023); no entanto, não é claro compreender as composições da sua comunidade em função da estação do ano. No entanto, a taxa de sobrevivência de certas espécies de nemátodos pode ser prevista em função da estabilidade dos factores do solo que são direta ou parcialmente regulados pela disparidade sazonal. Cedergreen et al. (2016) relataram que a proliferação de nematóides no solo pode ser influenciada pela instabilidade climática. Isto deve-se ao facto de as alterações climáticas poderem provocar uma mudança no teor de água do solo, bem como na temperatura e no P^H, o que poderia inibir o desenvolvimento de nemátodos ou incitar a propagação.

Uma vez que as probabilidades de sobrevivência dos nemátodos são elevadas nos tecidos vegetais, a compreensão das variações sazonais e da abundância de nemátodos no solo pode ajudar a tomar medidas de controlo adequadas e orientar os agricultores sobre a melhor altura para plantar, a fim de mitigar infecções graves e aumentar o rendimento. Os relatórios mostraram que os nemátodos têm preferência por hospedeiros (Dabur & Baja, 2002; Ekine et al., 2020; Orluoma et al., 2023), pelo que a limitação da vegetação em certos campos, impulsionada pela mudança de estação, pode resultar em baixas populações de nemátodos e afetar a composição num determinado momento e estação. Isto deve-se ao facto de nem todas as plantas estarem disponíveis durante toda a estação para um parasitismo ativo com espécies específicas. Recon et al. (2010) e Talwana et al. (2008) sugerem que as flutuações na estação têm impacto nos factores do solo e influenciam os organismos do solo, incluindo os nemátodos fitoparasitas. Hassan et al. (2009) afirmam que os nemátodos manifestam populações elevadas no solo entre junho e agosto (estação das chuvas) e apresentam um declínio constante a partir de outubro (estação seca). Renco et al. (2010) registaram um aumento gradual de nemátodos em sistemas de cultura contínua e uma dinâmica sazonal mais estável das espécies de nemátodos.

O pimentão é amplamente utilizado na Nigéria. As culturas hortícolas, incluindo o pimentão, prosperam bem em Otari, mas a qualidade do rendimento é prejudicada pelas actividades dos nemátodos das plantas (Gboeloh et al., 2019). Faltam estudos sobre a adaptação sazonal dos nemátodos e a gravidade da infeção em relação ao rendimento do pimentão em Otari, o que constitui um grande revés no controlo das pragas. Por conseguinte, uma boa compreensão da propagação e afluência de nemátodos no solo no que respeita à disparidade sazonal será benéfica para os agricultores rurais. Além disso, uma vez que os nemátodos são hospedeiros específicos, a identificação das espécies endémicas e da estação mais favorável de abundância pode ajudar a obter a informação mais adequada sobre a cultura mais apropriada para o cultivo numa estação específica do ano, a fim de minimizar as infecções e melhorar o rendimento. Por conseguinte, este estudo tem por objetivo avaliar a influência das variações sazonais na abundância da população de nemátodos do solo na rizosfera e nos tecidos radiculares do pimentão.

Materiais e métodos

Área de estudo

Este estudo foi efectuado em Otari. Otari é constituída por 7 comunidades na Área de Governo Local de Abua/Odual do Estado de Rivers e situa-se entre a latitude 4° 50'13"N e a longitude 6° 39' 24" E. A precipitação média em Otari é de cerca de 20002500 mm e a temperatura varia entre 25° C e 32° C. A vegetação é típica de uma floresta tropical húmida. Os indígenas são agricultores comerciais que se concentram principalmente na mandioca e nas culturas hortícolas. A área tem duas estações, a estação seca (novembro a abril) e a estação das chuvas (maio a outubro).

Conceção experimental

O estudo foi efectuado com base numa amostragem aleatória. Cinco explorações de monocultura de pimentão foram selecionadas aleatoriamente e amostradas durante as estações seca e chuvosa. A amostragem do solo e das raízes foi efectuada entre dezembro de 2020 e fevereiro de 2021 para a estação seca, enquanto a amostragem da estação das chuvas foi efectuada entre junho e agosto de 2020. As explorações foram designadas FI, F2,F3, F4 e F5

Amostragem

Recolha de solo e raízes

As amostras de solo foram recolhidas aleatoriamente da rizosfera de dez povoamentos de pimentão a 0-15 cm de profundidade por exploração. Estas amostras foram recolhidas uma vez por mês entre dezembro de 2020 e fevereiro de 2021 e entre junho e agosto de 2020. As amostras de solo foram recolhidas com um trado de solo e um total de cinquenta amostras de solo foram recolhidas em cada mês (dez amostras em cada exploração) de amostragem por estação, perfazendo um total de cento e cinquenta amostras com um total de trezentas amostras de solo. As amostras de solo foram embaladas em sacos impermeáveis brancos devidamente etiquetados e posteriormente transportadas para o laboratório para extração de nemátodos.

Em cada amostragem do solo, foram arrancados dez pés de pimentão selecionados aleatoriamente em cada exploração agrícola e as raízes foram retiradas ao mesmo tempo que o solo, com a ajuda de uma faca de cozinha esterilizada. As amostras foram colocadas em sacos de polietileno devidamente etiquetados e transportadas para extração de nemátodos.

Procedimento de extração de nemátodos

Os nemátodos foram extraídos utilizando a técnica da placa de peneiração modificada, tal como descrita por Southey, (1986).

As amostras de solo em cada saco de amostragem à prova de água foram examinadas e os detritos detectados foram removidos. O solo de cada saco de amostragem à prova de água foi espalhado uniformemente em papel de seda apoiado numa peneira de plástico colocada numa placa de plástico. Foi adicionada água ao lado da placa até o solo ficar molhado, mas não imerso. Após 48 horas, o solo foi removido e as suspensões de nemátodos foram esvaziadas para um frasco de amostras limpo, fixado com 5% para visualização ao microscópio.

As raízes de pimentão recolhidas foram lavadas com água Eva para remover as partículas de terra. As raízes foram cortadas com uma faca de cozinha e maceradas num misturador elétrico (BLG 450) durante 15 segundos a baixa velocidade. Trinta (30) subamostras foram derivadas das amostras padronizadas e preparadas para extração em cada momento de amostragem.

A suspensão de raízes maceradas foi espalhada uniformemente sobre papel de seda apoiado numa peneira de plástico colocada numa placa de plástico. Foi adicionada água ao lado da placa até a suspensão de raízes ficar molhada, mas não imersa. O sistema de extração foi deixado sem perturbações durante 48 horas à temperatura ambiente. A peneira da placa que continha as raízes maceradas foi descartada adequadamente. A suspensão de nemátodos na placa de plástico foi vertida em frascos de amostras limpos, tendo sido posteriormente fixada com formalina a 5% e armazenada.

Identificação de nemátodos

Uma alíquota de 0,1 ml da suspensão de nemátodos extraída das amostras de solo e raízes foi retirada com uma pipeta e depois distribuída em lâminas. As lâminas com a suspensão de nemátodos foram observadas com uma objetiva de x4 e x10 do microscópio ótico para identificação e contagem de nemátodos. A identificação dos nemátodos foi efectuada utilizando uma chave pictórica de acordo com Southey, (1986) e Mekete et al. (2012)

Análise de dados

A análise dos dados entre explorações dentro da estação para determinar a frequência e a densidade dos nemátodos foi efectuada utilizando uma percentagem simples (n x 100/N), enquanto o teste t dependente foi utilizado para testar a influência significativa da abundância da população de nemátodos entre estações.

Resultado

População de nemátodes durante as estações seca e chuvosa no solo cultivado com pimentão

O exame do solo durante as estações seca e chuvosa revelou um total de 1.652 nemátodos pertencentes a 12 géneros. Entre os 1.652 nemátodos recuperados no solo cultivado com pimentão, 1.079 (65,3%) foram extraídos de amostras de solo recolhidas durante a estação das chuvas, enquanto a estação seca produziu um total de 573 (34,7%) nemátodos.

Os nemátodos proeminentes recuperados durante a estação das chuvas foram as espécies *Gracilachus, Helicotylenchus, Ditylenchus, Heterodera, Hoplolaimus, Meloidogyne, Radopholus, Rotylenchus, Scutellonema e Tylenchorhynchus*. Alguns nemátodos parasitas de plantas foram registados em todas as cinco explorações agrícolas onde foram colhidas amostras, enquanto alguns estavam ausentes em certas explorações. Por exemplo, *Gracilachus* spp, *Helicotylenchus* spp, Heteroderaspp, Meloidogynespp, Scutellonemaspp, foram encontrados em todas as explorações amostradas, enquanto *Rotylenchus* spp *Radopholus* spp *Hoplolaimus* spp e *Ditylenchus* spp estavam ausentes nas explorações F2,F3,F4 e F5, respetivamente.

Na estação seca, nemátodos como *Heterodera, Meloidogyne, Pratylenchus, Radopholus, Rotylenchus, Scutellonema e Tylenchus* foram encontrados. *Rotylenchus* spp não foi encontrado nas fazendas F1 e F2, enquanto *Scutellonmea, Pratylenchus* e *Tylenchus* não foram encontrados em F_1 , F_3 , F_4 e F_5 respetivamente.

Quadro 1: População de nemátodes durante as estações seca e chuvosa no solo cultivado com pimentão em Otari

Season	Nematode genera	Farms grown F_1 (%)	With bell F_2 (%)	pepper F_3 (%)	F_4 (%)	F_5 (%)	Total (%)
Rainy season	Gracilachus	37 (14.8)	16 (11.9)	10 (5.4)	19 (6.3)	13 (6.3)	95 (8.8)
	Helicotylenchus	27 (10.8)	14 (10.4)	30 (16.1)	24 (7.9)	40 (19.3)	135(12.5)
	Ditylenchus	17 (6.8)	31 (23.1)	22 (17.8)	0	0	70 (6.4)
	Heterodera	50 (20.0)	27 (20.1)	62 (33.3)	44 (14.5)	33 (15.9)	216 (20.0)
	Hoplolaimus	31 (12.4)	9 (6.7)	13 (7.0)	43 (14.2)	0	96 (8.9)
	Meloidogyne	33 (13.3)	17 (12.7)	12 (6.5)	37 (12.2)	41 (19.8)	140 (12.9)
	Radopholus	21 (8.4)	9 (6.7)	0	49 (16.2)	30 (14.5)	109 (10.1)
	Rotylenchus	4 (1.6)	0	17 (9.1)	23 (7.6)	9 (4.3)	53 (4.9)
	Scutellonema	14 (5.6)	5 (3.7)	20 (10.8)	37 (12.2)	17 (8.2)	93 (8.6)
	Tylenchorhynchus	15 (6.0)	6 (4.5)	0	27 (8.9)	24 (11.6)	72 (6.8)
	Total	**249 (23.1)**	**134(27.4)**	**186 (17.2)**	**303 (28.1)**	**207 (19.2)**	**1,079**
Dry season	Heterodera	41 (39.4)	32 (27.6)	28 (17.4)	17 (28.8)	37 (27.8)	155 (27.1)
	Meloidogyne	14 (3.5)	24 (20.7)	31 (19.3)	5 (8.5)	12 (9.0)	86 (15.0)
	Pratylenchus	14 (15.5)	24 (20.7)	31 (19.3)	0	32 (24.0)	96 (16.8)
	Radopholus	4 (3.8)	17 (14.6)	28 (17.4)	15 (25.4)	23 (17.3)	62 (10.8)
	Rotylenchus	0	0	27 (16.7)	12 (20.3)	22 (16.5)	91 (15.9)
	Scutellonema	0	13 (11.2)	16 (9.9)	3 (5.0)	7 (5.3)	39 (6.8)
	Tylenchus	31 (29.8)	6 (5.2)	0	7 (11.9)	0	44(7.7)
	Total	**104 (18.2)**	**116 (20.2)**	**161 (28.0)**	**59 (10.3)**	**133 (23.2)**	**573**

População de nemátodos parasitas de plantas da raiz do pimentão em Otari durante as estações das chuvas e da seca

A partir do tecido radicular do pimentão, foram recuperados 568 nemátodos pertencentes a 7 géneros durante as estações das chuvas e da seca. Entre os 568 nemátodos recuperados, a estação das chuvas produziu 211 (37,1%) e a estação seca registou 358 (62,9%) nemátodos. Os principais nematóides fitoparasitários extraídos foram *Helicotylenchus* spp, *Pratylenchus* spp, *Radopholus* spp, *Rotylenchus* spp, *Tylenchus* spp, *Scutellonema* spp e *Meloidogynespecies**Tylenchus* e *Scutellonema* foram peculiares à estação seca e não foram encontrados durante a estação chuvosa. No entanto, durante a estação das chuvas, *Rotylenchus* spp não foi encontrado nas explorações F_2 e F_5 , enquanto *Helicotylenchus* e *Radopholusspp* não foram registados nas explorações F_1 e F_4 , respetivamente.

Quadro 2: População de nemátodos parasitas de plantas da raiz do pimentão em Otari

Season	Nematode genera	Farms grown F$_1$ (%)	With bell F$_2$ (%)	pepper F$_3$ (%)	F$_4$ (%)	F$_5$ (%)	Total (%)
Rainy season	*Helicotylenchus*	0	4 (14.8)	1 (1.8)	2 (12.5)	6 (9.8)	13 (6.2)
	Meloidogyne	24 (46.2)	11 (40.7)	20 (36.4)	7 (43.8)	26 (42.6)	88 (41.7)
	Pratylenchus	6 (11.5)	3 (11.1)	9 (16.4)	3 (18.8)	10 (16.4)	31 (14.7)
	Radopholus	12 (23.1)	9 (33.3)	17 (30.9)	0	19 (31.1)	57 (27.0)
	Rotylenchus	10 (19.2)	0	8 (14.5)	4 (25.0)	0	22 (10.4)
	Total	**52 (24.6)**	**27 (12.8)**	**55 (26.0)**	**16 (7.6)**	**61 (28.9)**	**211 (37.1)**
Dry season	*Helicotylenchus*	16 (16.6)	7 (5.8)	5 (7.9)	0	1 (1.2)	29 (8.1)
	Meloidogyne	21 (21.9)	11 (13.4)	7 (11.1)	6 (18.8)	24 (28.6)	69 (19.3)
	Pratylenchus	6 (6.3)	12 (14.6)	0	13 (40.6)	17 (20.7)	48 (13.4)
	Radopholus	32 (33.3)	7 (5.8)	41 (65.1)	7 (21.9)	39	126 (35.3)
	Rotylenchus	4 (4.2)	20 (24.4)	8 (12.7)	0	0	32 (9.0)
	Scutellonema	0	21 (25.6)	2 (3.2)	6 (18.7)	0	29 (8.1)
	Tylenchus	17 (17.7)	4 (4.9)	0	0	3 (3.7)	24 (6.7)
	Total	**96 (26.9)**	**82 (23.0)**	**63 (17.6)**	**32 (8.9)**	**84 (23.5)**	**357 (62.9)**

Incidência real de solo e raízes de pimentão em Otari em relação ao mês de ocorrência

A amostragem do solo registou uma elevada concentração de nemátodos no mês de junho 25,3%, julho teve 15,6%, enquanto 7,7%, 13,8%, 6,8% e 9,7% da população total de nemátodos ocorreu em agosto, dezembro, janeiro e fevereiro, respetivamente. A ocorrência nos tecidos radiculares do pimentão foi de 1,8%, 3,1%, 4,6%, 2,6%, 4,4% e 4,6% para os meses de junho, julho, agosto, dezembro, janeiro e fevereiro, respetivamente.

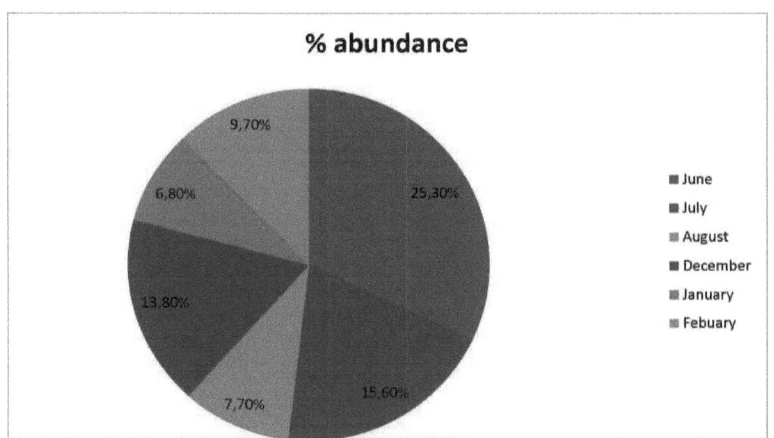

Fig 1: Incidência real de nemátodos no solo do pimentão em relação ao mês de ocorrência

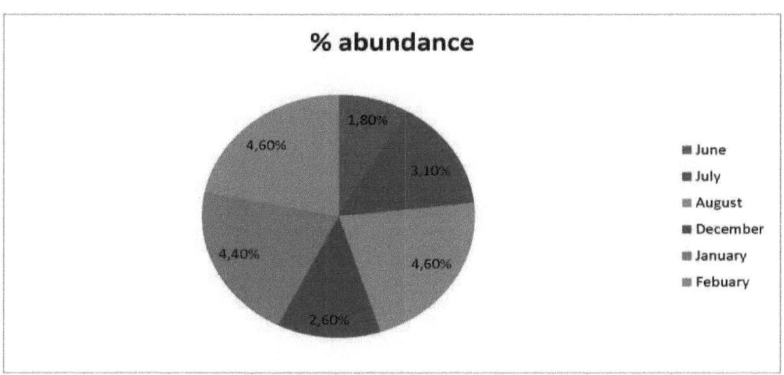

Fig 2: Conjuntos de nemátodes em raízes de pimentão e mês de ocorrência

Dinâmica dos nemátodes no solo e nas raízes do pimentão durante a estação seca e chuvosa em Otari

O conjunto total de nematóides fitoparasitas durante as estações chuvosa e seca foi de 2.220. Entre os 2.220 nemátodos recuperados do solo e das raízes de pimentão em Otari, 1.290 (58,1%) ocorreram durante a estação chuvosa e 930 (41,9%) foram extraídos na estação seca.

Registou-se uma disparidade na ocorrência de nemátodos durante as estações de amostragem. Por exemplo, *Helicotylenchus spp, Heterodera* spp, *Meloidogyne* spp, *Scutellonema* spp, *Rotylenchus* spp, *Pratylenchus e*

Radopholusspp ocorrem durante as estações seca e chuvosa. No entanto, *Gracilachus* spp, spp, *Hoplolaimus* spp e *Tylenchorhynchs* foram registados apenas durante a estação das chuvas e *Tylenchus* spp foi encontrado apenas durante a estação seca. A abundância de nemátodos do solo entre as estações foi estatisticamente significativa (p<0,05). O nemátodo com maior prevalência de ocorrência durante a estação das chuvas foi *Meloidogyne* spp, 17,8%, seguido de perto por *Heterodera* spp 16,7%. Também foi observada uma ocorrência significativa de *Radopholus* spp 12,9%, *Helicotylenchus* spp 11,5%, *Gracilachus* spp 7,4%, *Hoplolaimus* spp 7,4%, *Scutellonema* spp 7,2% com *Pratylecnhus* spp 2,4% mostrando a menor aparência.*Radopholus* spp teve a maior frequência de abundância na estação seca, seguido por *Heterodera* spp e espécies de *Meloidogyne* 16,6%. *Pratylenchus* spp foi 15,5%, enquanto a frequência de abundância de *Helicotylenchus* spp foi 3,1%. O nemátodo mais prevalecente durante a estação das chuvas e a estação seca foi *Meloidogyne* spp 17,3%, seguido de perto por *Heterodera* spp 16,7% e *Radopholus* spp 15,9%, enquanto o nemátodo menos frequente foi *Tylenchorhynchs* spp 3,2%.

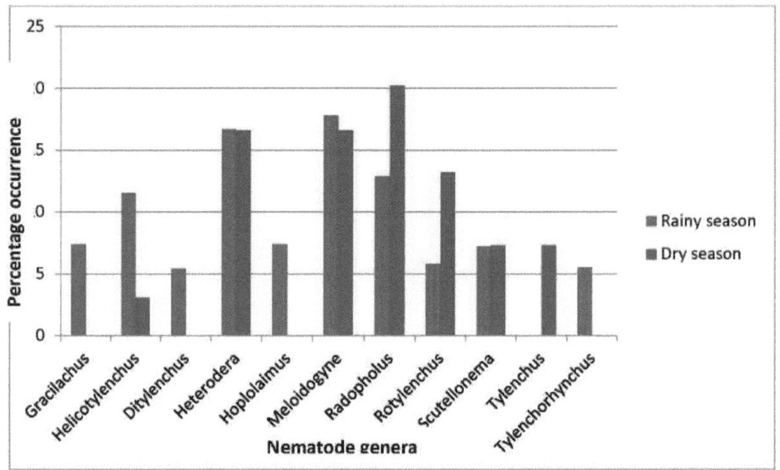

Figura 1: Dinâmica dos nemátodos no solo e nas raízes do pimentão durante a estação seca e a estação das chuvas em Otari

Discussão

O resultado deste estudo registou a ocorrência global de 2 220 nemátodos de 11 géneros, ao contrário do resultado de Cervkova e Cagan (2012) e Renco et al. (2010), que registaram 6 e 9 géneros de nemátodos nos seus respectivos estudos sobre os efeitos das flutuações sazonais nas populações de nemátodos no campo. No entanto, o resultado sugere que a propagação de nemátodos em Otari ocorre durante todo o ano, independentemente da estação.

A abundância de nemátodos parasitas de plantas no solo durante a estação seca (34,7%) foi baixa em comparação com a população recuperada durante a estação das chuvas. A baixa população de nemátodes observada no solo cultivado com pimentão durante a estação seca pode ser atribuída à insuficiência de água no solo devido à ausência de chuva, como observado na área de estudo (Otari) durante o período em análise. A pouca água observada no solo pode ter tido um impacto negativo na propagação e profusão de nematóides do solo e ter incentivado a hipobiose. No entanto, a elevada população de nemátodes observada durante a estação das chuvas pode ser atribuída à afiliação trófica dos nemátodes. Este resultado está de acordo com Talwana et al. (2008), que relataram uma baixa ocorrência de nemátodos na sua investigação sobre a ocorrência de nemátodos parasitas de plantas e os factores que aumentam a formação de populações em sistemas de cultivo à base de cereais no Uganda. No entanto, está em contraste com Hassan et al. (2009) e Cerevkova e Cagan (2012).

Neste estudo, os nemátodos estavam distribuídos de forma desigual no solo ao longo das estações durante a amostragem do solo. Este cenário é indicativo de que as flutuações sazonais influenciam a abundância da população de nemátodos parasitas de plantas nos campos. Este resultado sugere que as mudanças de estação podem ter um impacto direto na abundância de nemátodos no solo. Isto deve-se ao facto de, em cada período de mudança (da estação seca para a estação das chuvas), o ecossistema do solo poder ser alterado e ditar significativamente as hipóteses de sobrevivência dos nemátodos no solo (Boland et al., 2004).

A abundância de nemátodos em relação ao mês de amostragem mostra que, durante a estação das chuvas, o mês de junho (25,3%) registou a prevalência mais elevada de nemátodos do solo e apresentou um declínio constante em julho (15,6%) e agosto (7,7%). A elevada população de nemátodos do solo observada em junho pode ser atribuída à atividade dos nemátodos devido à chuva. A chuva durante a estação chuvosa, no mês de junho, teve impacto na quantidade de água presente no solo e pode ter melhorado o seu nível ótimo e melhorado as estratégias de sobrevivência dos nemátodos. Também agitou micróbios importantes do solo para associações activas no solo, disponibilizando assim mais alimentos para os nemátodos e melhorando a sua propagação e abundância. Noutro local, Archam *et al.* (2016) registaram um pico de nemátodos em abril numa investigação semelhante. O declínio progressivo da população de nemátodos observado em julho e agosto pode ser atribuído ao aumento da água no solo devido aos frequentes aguaceiros registados na área de estudo durante o período de estudo. Este resultado permitiu concluir que as mudanças de estação e as flutuações na precipitação podem resultar num padrão irregular na ocorrência de nemátodos em todos os distritos do mundo. No entanto, Boland et al. (2004); Arun (2012); Andrea e Ludovit (2012) relataram disparidade na frequência de ocorrência de nematoides em relação ao conteúdo variável de água no solo resultante de diferentes quantidades de chuva.

A partir das raízes do pimentão, foi isolada uma maior população de nemátodos na estação seca (62,9%), enquanto a percentagem de abundância durante a estação das chuvas (37,1%) foi relativamente baixa em comparação com os resultados obtidos noutros locais (Wang *et al.*, 2006). Este resultado implicava que a secura do solo devido à ausência de chuva durante a estação seca apresentava condições ambientais inseguras para a sobrevivência dos nemátodos parasitas das plantas e que estes se instalavam nos tecidos das raízes do pimentão para sobreviver. No entanto, a melhoria do ambiente do solo devido à chuva durante a estação chuvosa estimula associações activas no solo e aumenta a concentração de nutrientes à volta da planta do pimentão, desencorajando o empréstimo de raízes. Este resultado também indica que o pimentão tem menos rigidez ou resistência contra nemátodos parasitas de plantas na estação seca. Essa observação concorda com Shokoohi et al. (2019), que relataram resultados semelhantes, mas discordam de Elele (2016), que extraiu um número maior de espécies de nematoides na raiz da berinjela em um estudo semelhante. Esta disparidade pode ser atribuída ao local do estudo; à cultura em análise e à prevalência de géneros de nemátodos endémicos na área de estudo.

A dinâmica populacional de nemátodes observada neste estudo sugere que a disparidade sazonal afecta a propagação e profusão de nemátodes. Ou seja, a ocorrência de nemátodos neste estudo foi influenciada pela estação do ano. As espécies de *Meloidogyne* tiveram a maior prevalência no estudo, seguidas pelas espécies de *Radopholus*, enquanto as espécies de *Tylechorynchus* tiveram a menor abundância no estudo. Esta observação indica que *Meloidogyne* se adaptou melhor às flutuações sazonais do que qualquer outra espécie que ocorre na área de estudo. Este resultado também sugere que as espécies de nemátodos são sensíveis às condições instáveis do ecossistema do solo resultantes da disparidade sazonal e que apenas as espécies mais bem adaptadas sobrevivem. *Meloidogyne, Scutellonema, Hoplolaimus, Pratylenchus, Helicotylenchus Rotylenchus e Radopholus* foram registados tanto na estação seca como na chuvosa, enquanto *Tylenchus* foi encontrado apenas durante a estação seca e *Gracilachus, Ditylenchus, Hoplolaimus* e *Tylechorynchus* foram peculiares apenas à estação chuvosa. Este cenário pode ser atribuído à estratégia de sobrevivência dos nemátodos e às flutuações ambientais de persistência no solo devido a variações sazonais. Significa também que os nemátodos do solo se propagam e sobrevivem apenas em ambientes que lhes dão melhor suporte. Esta observação está de acordo com Dabur e Baja (2002) e Deming et al. (2006).

Conclusão

As variações sazonais têm um impacto direto na abundância da população de nemátodos no solo, uma vez que têm impacto nos factores do solo que também influenciam as hipóteses de sobrevivência dos nemátodos. Os nemátodos do solo são sensíveis às condições instáveis do ambiente resultantes da disparidade sazonal e só as espécies que se adaptam rapidamente sobrevivem.

Referências

Andrea, C. & Ludovit, D (2012). Efeito sazonal da dinâmica populacional de nematóides do solo em um campo de milho. *Jornal da Agricultura da Europa Central* 13 (4),739-746.

Arun, K. Y (2012). Efeito da humidade do solo na atividade de três nemátodos entomopatogénicos *(Steinernematidae e Heterorhabditidae)* isolados de Maghalaya, Índia. *Jornal de Distribuição de Parasitas,* 36 (1), 94-98.

Boland, G.J., Melzer, M.S., Hopkin, A., Higgins, V., & Nassuth, A (2004). Climate change and plant disease in Ontario. *Canadian Journal of Plant*

Pathology, 26(3),335-50.

Cedergreen, N. Norhave, N.J. Svendsen, C.& Spurgeon, D.J. (2016). Estresse de temperatura variável no nematoide *Caenorhabditis elegans* e sua implicação para a sensibilidade a um estressor químico adicional. *PLOS ONE* 11 (1),10-17.

Cerevkova, A & Cagnan, L. (2012). Efeito sazonal na dinâmica populacional de nematóides do solo em um campo de milho. *Jornal da Agricultura da Europa Central,* 13 (4), 739-746.

Dabur, K.R. & Baja, H.K. (2002).Grupos tróficos de nemátodos afectados pela lavoura zero no sistema de cultivo de arroz e trigo.*Jaipur,* 81-84.

Deming, L., Qi, L. Fangming, L. Young, J & Wenju, L. (2006). Distribuição vertical de nematóides do solo numa sequência de idades de plantação de caragan microphylla no Horqin Sandyland. *Investigação Ecológica, 22,* 49-56.

Elele, K.(2016).Influência da alteração orgânica na composição da comunidade de nemátodos do solo e na infecciosidade da beringela *(solanumm elongena L)* no estado do rio, Tese de Investigação de Doutoramento; submetida à Universidade de Calabar, 67 - 68.

Ekine, E.G. Gboeloh, L.B. & Elele, K. (2018). Nemátodos parasitas de plantas de mandioca *Manihot esculenta* cultivados na área do governo local de Ahoada East no estado de Rivers, Nigéria. *Relatório de Ciência Aplicada,* 21 (2), 38-42.

Ekine, E.G., Gboeloh, L.B., Imafidor, H.O., & Elele, K (2020). Composição da comunidade de nemátodos e diversidade de espécies desde a pré-cultura até à colheita de pepino (Cucumis sativa) em Abua, Estado de Rivers. Nigeria Jounarnal of Nematology, 5, 19-29.

Gboeloh, L.B. Elele, K & Ekine, E.G. (2019). Nemátodos parasitas de plantas associados ao pepino *(Cucumis sativa)* cultivado na área do governo local de Abua/Odual do Estado de Rivers, Nigéria. *International Journal of Science, Technology, Enginerring, Mathematics and Science Education,* 4(1), 23-31.

Hassan, J. Chishti, M.Z. Ahmad, I. Iqbal, M.& Lone, B.A. (2009). Densidade sazonal da população de nemátodos no milho e na mostarda. *World Applied Science Journal* 6 (6):734-736.

Imafidor. H.O & Ekine E.G (2016). Um levantamento das pragas de nemátodos da cultura da mandioca (*Manihotesculenta*) no Estado de Rivers, Nigéria. *African Journal of Applied Zoology & Environmental Biology,* 18, 17-18.

Mekete, T. Dababa, A., Sekora, N. Akyazi, F e Abebe, E. 2012. Chave de identificação para o curso de identificação de nemátodos parasitas de plantas de importância agrícola. Um manual de nematologia.p 109.

Noling, J.W. 2009. Manejo de nematoides em tomate, pimentão e berinjela. EN-032 Serviço de extensão corporativa da Flórida, Universidade da Flórida, 492-520.

Renco, M. Liskova, M. e Cervkova, A. 2010. Flutuação sazonal nas comunidades de nemátodos num solo de jardim de lúpulo. *Helminthologia,* 47 (2),115-122.

Shokoohi, E. Mashela, P.W e Iranpour, F. 2019. Diversidade e flutuação sazonal do nematoide parasita de plantas *Tylenchid* em associação com alfafa na província de Kerman, no Irã.Journal of Nematology, 51,1-14.

Southey, J.F.1986. Laboratory methods for work with plant and soil nematodes. Her Majesty's stationary office , P 201.

Talwana, H.L. Butseya, M.M. and Tusime, G. 2008.Ocorrência de nemátodos parasitas de plantas e factores que aumentam o desenvolvimento da população no sistema de cultivo de cereais em Uganda.*African Crop Science Journal,* 16 (2),119-131.

Tema 5: Investigações sobre a suscetibilidade da cultura do pepino e a infecciosidade do nemátodo em Abua, Estado de Rivers, Nigéria

Resumo

Cucumis sativa é uma planta de cultura valiosa, conhecida com especial interesse na área de estudo. A sua viabilidade no apoio ao comércio local exigiu o exame das perspectivas de ameaça ao rendimento de qualidade e ao seu sustento. O presente estudo investigou a suscetibilidade da cultura do pepino à infecciosidade do nemátodo e examinou duas vegetações de monocultura de pepino em Abua. Os tecidos radiculares e o solo na região radicular da cultura do pepino foram amostrados utilizando uma espátula manual e uma faca de cozinha para a recolha das amostras. Foi adoptada a técnica de Barmann modificada para o bioensaio de nemátodos e a identificação dos nemátodos foi feita através de uma chave pictórica. Obteve-se uma riqueza global de 649 nemátodos, com 417 (64,3%) no solo e nas raízes da exploração A e 232 (35,7%) nas raízes e no solo da exploração B. O nemátodo com maior densidade foi a espécie *Rotylenchus* 0,82 e a espécie *Meliodogyne* 0,49 nas explorações A e B, respetivamente. A disponibilidade de nemátodos na região das raízes e no interior dos tecidos radiculares do pepino, tal como observado neste estudo, sugere que a cultura é vulnerável à infecciosidade dos nemátodos e significa uma catástrofe para o agricultor e para a sociedade que depende de produtos agrícolas de qualidade para sobreviver. Os resultados deste estudo indicam que a monocultura contínua favorece a multiplicação de nemátodos no ecossistema natural. O estudo sugere ainda que a presença constante de plantas susceptíveis em campos cultivados com espécies de nemátodos específicas pode facilitar a sequência de crescimento dos nemátodos e provocar a sua ampla disseminação no ecossistema.

Palavras chave: Pepino, *Cucumis sativa,* galha, infecciosidade do nemátodo, suscetibilidade.

Introdução

O pepino, *Cucumis sativa,* é uma cultura alimentar valiosa conhecida com especial interesse em Abua. Representa um importante fruto hortícola entre a maioria dos outros cultivados na região. É praticamente impossível ver comida servida na localidade sem fatias de pepino como acompanhamento.

É considerado como um suplemento para a rápida digestão dos alimentos. A sua viabilidade tornou-o um fator notável no desenvolvimento da economia rural da região. A sua importância nutricional aumentou ainda mais a sua gama de utilização. No entanto, a sustentabilidade da cultura está ameaçada devido à infestação de nemátodos.

Os nemátodos são factores bióticos importantes no solo, especialmente no que diz respeito às plantas cultivadas e ao agricultor. Formam diferentes grupos com acções alimentares específicas. Alguns não são parasitas e são queridos pelos agricultores devido às suas acções para melhorar os nutrientes do solo (Ingham et al., 2019; Coyne et al., 2003). Este grupo de nemátodes forma uma variedade de associações benéficas para as plantas. No entanto, a maioria dos nemátodes, o grupo que se alimenta de plantas, prejudica o esforço do agricultor pelas suas actividades e provoca uma baixa produção de culturas alimentares. O grupo fitoparasita atinge a raiz das plantas e inflige lesões de diferentes graus. As suas actividades no solo contra o crescimento das plantas têm sido apontadas como a principal causa da baixa produção e fornecimento de alimentos em África (Gboeloh et al., 2019; Coyne et al., 2018; Almohithef et al., 2018; Imafidor & Ekine, 2016).

Em Abua, a taxa de ocorrência e a gravidade das infecções com nemátodos parasitas de plantas na cultura do pepino não têm merecido atenção em termos de investigação, apesar do seu enorme impacto na previsão dos nutrientes do solo e do desempenho das culturas. No entanto, compreender as espécies endémicas específicas de uma determinada localidade, a dinâmica da ocorrência e a extensão da abundância é essencial para prever a gravidade da doença e pode ser benéfico para planear uma gestão eficaz dos nemátodos. Assim, uma avaliação adequada da endemicidade dos nemátodos parasitas das plantas cultivadas ajudará a lidar com os problemas associados às pragas e contribuirá para a produção e o abastecimento sustentáveis de alimentos e para a melhoria das condições de vida dos agricultores rurais. As informações do presente estudo apresentarão uma visão valiosa relativamente à suscetibilidade do pepino e à infecciosidade dos nemátodos na cultura e destacarão medidas preventivas importantes para os parasitas que podem ajudar o desempenho da cultura e aumentar o rendimento do agricultor. Por conseguinte, este estudo tem por objetivo investigar a suscetibilidade e a infecciosidade dos nemátodos do pepino em

Abua.

Materiais e métodos

O inquérito de campo foi efectuado em Abua. Abua é o cabaz alimentar do estado de Rivers. Situa-se a 36 quilómetros de Port Harcourt Township, a capital do Estado de Rivers. Os residentes são, na sua maioria, agricultores que vivem do cultivo de mandioca e de produtos hortícolas. Abua situa-se a 4° 49.502^{1} N, 6° 39.067^{1} E. A vegetação é do tipo floresta tropical húmida.

Foram selecionadas aleatoriamente duas vegetações de monocultura de pepino e estudada a sua suscetibilidade à infecciosidade dos nemátodos. Estas explorações foram designadas por A e B. O historial agrícola e outras informações relevantes para cada uma das vegetações de pepino foram recolhidos e anotados junto do proprietário da exploração para determinar o seu impacto na riqueza de nemátodos no estudo. Por exemplo, a exploração A está em monocultura contínua e a exploração B está num pedaço de terra em pousio durante quatro anos.

O solo e as raízes foram recolhidos simultaneamente em cada uma das plantações de pepino. O solo foi retirado aleatoriamente da região da raiz da planta de pepino como amostras a granel e foram retirados vinte e cinco pés de pepino e as raízes foram retiradas após pagamento. Tanto o solo como as raízes de cada uma das plantas de pepino foram transportados para o laboratório para extração de nemátodos.

A planta do pepino foi examinada fisicamente em cada colheita de amostras para detetar a presença de sintomas foliares relacionados com a infecciosidade do nemátodo e o nó radicular foi determinado através da avaliação física das raízes

A extração de nemátodos das amostras de solo e raízes foi realizada utilizando a técnica de Baermann modificada, como visto em Nzeako et al., (2016) e os nemátodos foram armazenados para visualização em frascos de amostras esterilizados em formalina a 5%. A visualização dos nemátodes foi feita utilizando um microscópio de luz com objectivas de x4, x10 e x40, e foi utilizada uma chave pictórica de nemátodes de acordo com Mekete et al., (2012) para a identificação ao nível dos géneros.

A abundância percentual de nemátodes foi obtida por n/N x 100 (n = nemátode individual e N = total de nemátodes extraídos). A densidade populacional para cada género de nemátodo foi obtida dividindo a abundância total para cada género de nemátodo e o número de amostras visualizadas. O teste de significância da abundância e diversidade de nemátodes foi efectuado utilizando ANOVA no SPSS versão 23 e o teste t independente foi utilizado para testar a significância da assembleia de nemátodes entre as duas vegetações de pepino.

Resultados

Infestação de nemátodos no solo e nas raízes de pepino na exploração A
O estudo do solo e das raízes do pepino da exploração A registou um conjunto total de 417 nemátodos de 8 géneros. Cento e setenta e quatro, 174 (41,7%) foram extraídos das amostras de solo e 243 (58,3%) foram observados nos tecidos das raízes dos pepinos amostrados. Os géneros de nemátodes, como as espécies de *Rotylenchus*, apresentaram a maior densidade populacional. A seguir a esta sequência, a espécie *Tylenchus* (0,67), seguida das espécies *Hoplolaimus* e *Rotylenchulus*, que apresentaram densidades populacionais de 0,64 cada. Outros géneros de nemátodes com densidades razoáveis foram *Pratylenchus* (0,41), *Paratylenchus* (0,42), *Meliodogyne (*0,29) e *Longidorus* (0,26).

A avaliação do solo e das raízes na exploração B revelou uma abundância total de 232 nemátodos, dos quais 170 (73,3%) ocorreram no solo e 62 (26,6%) foram observados nos tecidos das raízes. Os nemátodos com densidades importantes foram as espécies *Meliodogyne, Hoplolaimus, Hemicyclophora* e *Longidorus*. A ocorrência de nemátodos aqui apresenta variações entre o solo e as raízes.

A abundância global de nemátodos nas explorações A e B foi de 649. A ocorrência total de nemátodos na exploração A foi de 417 (64,3%) e na exploração B foi de 232 (35,7%). Foi registada uma maior densidade do grupo no local da exploração A (4,17) em comparação com a observação na exploração B com uma densidade populacional total de 232.

Quadro 1: Ocorrência percentual e densidade populacional de nemátodos do solo e das raízes do pepino na exploração A

Nematodes	Soil (%)	Roots (%)	Total (%)	Pop Density
Rotylenchulus	26 (14.9)	38 (15.6)	64 (15.3)	0.64
Rotylenchus	31 (17.8)	51 (21.0)	82 (19.7)	0.82
Pratylenchus	14 (8.0)	27 (11.1)	41 (9.8)	0.41
Meliodogyne	10 (5.7)	19 (7.8)	29 (7.0)	0.29
Hoplolaimus	34 (19.4)	32 (13.2)	64(15.3)	0.64
Tylenchus	21 (12.1)	46 (18.9)	67 (16.1)	0.67
Paratylenchus	12 (6.9)	30 (12.3)	42 (10.1)	0.42
Longidorus	26 (14.9)	0	26 (6.2)	0.26
Total	**174 (41.7)**	**243 (58.3)**	**417 (64.3)**	**4.17**

Infestação de nemátodos no solo e nas raízes de pepino na exploração B

Nematodes	Soil (%)	Roots (%)	Total (%)	Pop density
Trichodorus	16 (9.4)	0	16 (6.9)	0.16
Hemicyclophora	21 (12.4)	11 (17.7)	32 (13.8)	0.32
Longidorus	0	2 (3.2)	2 (0.9)	0.2
Ditylenchus	16 (9.4)	9 (14.5)	25 (10.8)	0.23
Xiphinema	9 (5.3)	0	9 (3.9)	0.9
Hoplolaimus	41 (24,1)	2 (3.2)	43 (18.5)	0.43
Meliodogyne	33 (19.4)	16 (25.8)	49 (21.1)	0.49
Scutellonema	11(6.5)	14 (22.6)	25 (10.8)	0.25
Tylenchus	4 (2.4)	0	4 (1.7)	0.4
Pratylenchus	19 (11.2)	8 (12.9)	27 (11.6)	0.27
Total	**170 (73.3)**	**62 (26.7)**	**232 (35.7)**	**2.23**

Quadro 3: Infecciosidade dos nemátodos nas plantas de pepino

	Farm A	Farm B
Root knot (gall),	+	+
Stubby root,	+	-
Die back	+	-
Excessive root branching	+	+
Wilting	+	-

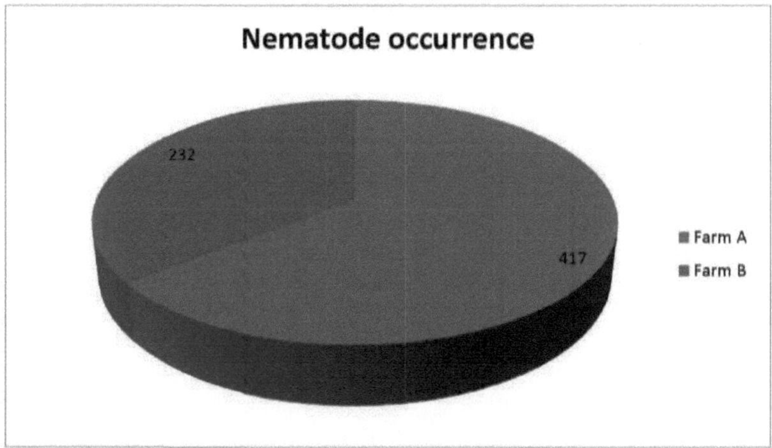

Fig 1: **Riqueza atual de nemátodos nas explorações agrícolas A e B**

Discussão

Foi recolhida uma amostra de pepino, uma planta frutífera importante de valor especial nas terras de Abua, para testar a sua suscetibilidade à infecciosidade dos nemátodos. Os resultados indicaram uma riqueza global de 649 nemátodos em 12 géneros que ocorrem em ambas as explorações A 417 (64,3%) e B 232 (35,7%), respetivamente. A disponibilidade de nemátodos na região radicular e no interior dos tecidos radiculares do pepino sugere que a cultura é vulnerável à infeção por nemátodos. A exposição da planta do pepino a lesões infligidas por nemátodos constitui uma ameaça para a economia local dos habitantes de Abua, da qual o comércio de pepinos é parte integrante. O resultado implica que o fraco desempenho da cultura do pepino na área e a redução da produção abaixo das expectativas e a fome do homem de alimentos e frutos de qualidade são inevitáveis com o tempo devido à infestação de nemátodos. Nzeako et al. (2016) afirma que os nemátodos podem causar danos adversos em plantas de todas as famílias, desde legumes, frutas e plantas ornamentais, e sujeitar o agricultor a dificuldades indescritíveis. Os nemátodos que habitam o solo constituem uma caraterística biótica significativa que prevê a fertilidade do solo e influencia o desempenho das culturas através das suas actividades como decompositores e alimentadores de plantas, respetivamente. Os nemátodos fitoparasitas têm sido implicados como importantes pragas económicas das plantas cultivadas, tanto no campo como na estufa, e facilitam a perda de rendimento (Howland & Quintanilla, 2023; Gboeloh et al., 2019; Almohithef et al., 2018; El- Sheriny, 2011). Os vestígios de nemátodos fitoparasitas na vegetação podem prejudicar a viabilidade económica da planta cultivada e privar o agricultor do melhor.

O estudo revelou um aspeto sensacional importante na planta do pepino devido a lesões causadas por nemátodos. Este resultado é indicativo de que a planta do pepino é suscetível a infecções relacionadas com nemátodos das plantas. As infecções de nemátodos nas plantas cultivadas podem significar uma catástrofe para o agricultor e para a sociedade global que depende dos produtos agrícolas para sobreviver. Ou seja, uma infeção grave por nemátodos pode levar o homem à fome. A infecciosidade dos nemátodes no solo agrícola pode significar um duro golpe para a sociedade, uma vez que a sua atividade é capaz de privar o homem de alimentos de qualidade e de apresentar uma paisagem com um aspeto deficiente na exibição dos sintomas da doença (Ezenwaka & Ekine, 2024; Gboeloh et al., 2019).

Verificou-se uma elevada abundância de nemátodos e uma infecciosidade grave na exploração A com um sistema de monocultura contínua. No entanto, o sinal de infecciosidade dos nemátodos foi moderado na exploração B, com um registo de quatro anos de pousio. Este resultado implica que a monocultura contínua apoia a multiplicação de nemátodos no ecossistema natural. O estudo sugere ainda que a presença contínua de plantas susceptíveis em campos com espécies específicas de nemátodos pode facilitar a sequência de crescimento dos nemátodos e provocar a sua ampla disseminação no ecossistema. Esta opinião está de acordo com Ekine et al. (2020); Talwana et al. (2008) e Cadet et al. (2003), que referiram que a presença de um hospedeiro adequado promove uma rápida profusão de nemátodos nos campos. A baixa infecciosidade observada na exploração B sugere que o pousio pode ser uma técnica de gestão viável para os nemátodos. O pousio pode alterar a sequência de crescimento dos nemátodos e melhorar o desempenho das culturas (Howland & Quintanilla, 2023; Abebe et al., 2005).

Conclusão

A cultura do pepino é suscetível a infestações de nemátodos. No entanto, para os agricultores rurais de Abua, uma técnica de gestão rentável da praga do nemátodo da cultura do pepino pode significar um mercado local sustentável e a melhoria do nível de vida dos residentes. Por conseguinte, os agricultores devem adotar o pousio como estratégia agrícola para mitigar a infecciosidade dos nemátodos e aumentar o rendimento do pepino.

Referências

Abebe, G., Sahile, G., & Al-Tawaha, A. R. M. (2005). Avaliação de potenciais culturas-armadilha no banco de sementes do solo de Orobanche e no rendimento do tomate no vale do rift central da Etiópia. *World Journal OfAgricultural Sciences, 1(2),* 148-151.

Almohithef, H.A., Al-Yahya, F.A., Al-Hazimi, A.S., Dawabah, A.AM & Lafi, H.A (2018).Prevalência de nemátodos parasitas de plantas associados a certas culturas hortícolas em estufa na região de Riade, Arábia Saudita. *Alexander Journal OfAgricultural Research, 19 (1),* 127-137.

Cadet, P., Pate, E., & Nioiaye-Faye, N. (2003). Mudanças na comunidade de nemátodos e raças de sobrevivência em pousios naturais na área sudano shalheliana do Senegal. *Pedosiologia, 47,* 149-16.

Coyne, D.L., Cortada, L., Dalzell, J.J., Claudius-cole, A.O., Haukeland, S, Luambano, N., & Talwana, H (2018). Nemátodos parasitas de plantas e segurança alimentar na África subsaariana. *Revisão Anual de Fitopatologia, 56(4),* 381-403.

Coyne, D.L., Talwana, S., & Maslsen, N.R (2003). Nemátodos parasitas de plantas associados a culturas de raízes e tubérculos no Uganda. *African Plant Protection, 9(2)*, 8798.

Ekine, E.G., Gboeloh, L.B., Imafidor, H.O & Elele, K (2020). Composição da comunidade de nemátodos e diversidade de espécies desde a pré-cultura até à colheita de pepino *(cucumis sativa)* em Abua, Estado de Rivers. *Jornal de Nematologia da Nigéria 5,* 19-29.

El-Sheriny, A.A.I (2011). Nemátodos fitoparasitas associados a arbustos, árvores e palmeiras ornamentais na Arábia Saudita, incluindo novos registos de hospedeiros. *Jornal de Nematologia do Paquistão 29(2),* 147-164.

Ezenwaka, C.O. & Ekine, E.G. (2024). Avaliação de pragas de nemátodos de plantas ornamentais em
Universidade Federal de Otuoke, Estado de Bayelsa, Nigéria. *Jornal Internacional de Biologia*
Avanço da investigação, 1(1), 40-46.

Gboeloh, L.B. Elele, K & Ekine, E.G. (2019). Nemátodos parasitas de plantas associados ao pepino *(Cucumis sativa)* cultivado na área do governo local de Abua/Odual do Estado de Rivers, Nigéria. *International Journal of Science, Technology, Enginerring, Mathematics and Science Education, 4(1),* 23-31.

Howland, A. D., & Quintanilla, M. (2023). Nematóides parasitas de plantas e seus efeitos em plantas ornamentais: A Review. *Journal of Nematology, 55(1),* 201-209.

Imafidor. H.O & Ekine E.G (2016). Um levantamento das pragas de nemátodos da cultura da mandioca (*Manihotesculenta*) no Estado de Rivers, Nigéria. *Revista* Africana *de Zoologia Aplicada e Biologia Ambiental, 18,* 17-18.

Ingham, R. E, Trofymow, J. A., Ingham, E. R., & Coleman, D. C (2019). Interações de bactérias, fungos e seus pastores nematóides: efeitos no ciclo de nutrientes e no crescimento das plantas. *Ecologica Monogram, 55(1),* 119-140.

Mekete, T., Dababa, A., Sekora, N., Akyazi, F & Abebe (2012). Chave de identificação para o curso de identificação de nemátodos parasitas de plantas de importância agrícola. A Manual de identificação de nemátodos,109.

Nzeako, S.O., Imafidor, H. O, Ogwuamba, E., & Ezenwaka, C. O (2016). Distribuição vertical do nemátodo da lesão: *espécies de pratylenchuss* em campo de furf selecionado no estado dos rios. *Journal of Agriculture and Veterinaryscience,* 9 (7), 53-58.

Talwana, H.L. Butseya, M.M. & Tusime, G. (2008). Ocorrência de nemátodos parasitas de plantas e factores que aumentam o desenvolvimento da população no sistema de cultivo de cereais em Uganda.*African Crop Science Journal,16 (2),* 119-131.

Tema 6: Avaliação dos fertilizantes sintéticos e do composto como medida de controlo dos parasitas agronómicos e técnica de melhoramento das culturas para os agricultores rurais na Nigéria

Resumo

As actividades dos vermes parasitas do solo, também designados por nemátodos parasitas das plantas, têm colocado continuamente o agricultor sob pressão, explorando a melhor estratégia possível para fazer face aos seus prejuízos e melhorar a produção agrícola e o abastecimento alimentar. No entanto, a sequência de propagação de parasitas agronómicos e a afluência no solo podem muitas vezes ser controladas através do emprego de estratégias distintas com o objetivo de melhorar a agricultura e controlar as pragas. Este estudo testou a relevância dos adubos sintéticos e do composto como escolha de controlo dos fitoparasitas e como técnica de melhoramento das culturas para evitar a insegurança alimentar. Este estudo foi conduzido para testar as perspectivas dos fertilizantes artificiais e do composto (fertilizante orgânico) no controlo de parasitas agronómicos no solo e servir como técnica para melhorar o desempenho das culturas. O solo e as raízes foram recolhidos de parcelas com ureia, adubo NPK, composto e de uma exploração agrícola convencional. A extração de nemátodos foi realizada utilizando o método de peneiração modificado. A avaliação do solo após a aplicação de ureia, fertilizantes NPK e composto revelou uma riqueza total de nemátodos de 1.625 ocorrendo aos 30 dias (24,4%), aos 60 dias 43,7% e aos 90 dias 31,9%. A taxa de infecciosidade foi mínima nas parcelas com fertilizantes sintéticos e composto, enquanto a parcela sem tratamento mostrou uma elevada taxa de infecciosidade de nemátodos. Os resultados indicam que os fertilizantes sintéticos e o composto são instrumentos de controlo adequados para o controlo de parasitas agronómicos no solo. O crescimento das culturas foi encorajador com a utilização dos fertilizantes sintéticos e do composto, o que é indicativo de que são fontes capazes de melhorar as culturas e podem contribuir para a segurança alimentar.

Palavras chave: Parasitas agronómicos, composto, fertilizantes sintéticos, segurança alimentar.

Introdução

A procura de segurança alimentar aumenta diariamente à medida que a população humana duplica exponencialmente, juntamente com a atual saga económica na Nigéria. No entanto, as actividades dos vermes parasitas do solo, também designados por nemátodos parasitas das plantas, têm colocado continuamente o agricultor sob pressão, explorando a melhor estratégia possível para lidar com os seus malefícios e melhorar a produção agrícola e a segurança alimentar. O esforço do agricultor visa a disponibilidade sustentável de alimentos e os vermes parasitas do solo representam um sério obstáculo a este sonho, antagonizando o esforço do agricultor em qualquer altura e estação do ano. Perante este cenário, o presente estudo avalia as perspectivas dos fertilizantes sintéticos e do composto na redução da infecciosidade dos nemátodos nas plantas cultivadas e no desempenho das culturas para prever a prática mais preferida e acessível para os agricultores rurais subjugarem os efeitos destes vermes parasitas e atenuarem a insegurança alimentar.

A agricultura, para além da produção alimentar, constitui um fator importante em todas as economias rurais da Nigéria. No entanto, a ameaça castrada pelos parasitas transmitidos pelo solo, os nemátodos fitoparasitas, devastou muitas vezes o rápido desenvolvimento devido ao fraco desempenho das culturas e à baixa oferta no mercado. Por conseguinte, torna-se necessário encontrar uma solução agro-ecológica para estes agentes patogénicos. As plantas cultivadas infestadas de nemátodos, incluindo as ornamentais, podem parecer carecas e ter impacto no seu valor de mercado (Ezenwaka & Ekine, 2024; Ozdemir et al., 2021; Nzeako et al., 2016). Ekine e Ezenwaka, (2024) descobriram que a invasão de nemátodos nas vegetações pode significar fome na terra se não forem empregues estratégias de gestão urgentes. Os nemátodos fitopatogénicos podem danificar as plantas cultivadas de uma forma não visível e impedir a procura de produção alimentar por parte dos agricultores (Orluoma et al., 2023; Ekine & Ezenwaka, 2023).

Os fertilizantes orgânicos, que incluem resíduos de plantas e animais, quando incorporados no solo com o objetivo de controlar parasitas e pragas, tendem a aumentar os nutrientes básicos do solo, a melhorar a sua qualidade ou composição e a aumentar as hipóteses de sobrevivência das culturas contra as actividades dos vermes parasitas existentes no solo. Estes resíduos podem também estimular a biodiversidade e melhorar as interações orgânicas no solo a favor das plantas cultivadas, avaliando o potencial dos nemátodos fitoparasitas (Ekine & Ezenwaka, 2024; Han et al., 2016).

Farahat et al. (2012) refere que os fertilizantes podem influenciar a sequência de sobrevivência dos nemátodos e, em certos casos, as culturas podem ser exoneradas de infecções graves.

A biodiversidade é um fator regulador importante em todos os ecossistemas. No entanto, pode ser influenciada por práticas de gestão do solo (Herren et al., 2020) sobre a adição de fertilizantes orgânicos ou inorgânicos ou por práticas culturais como o pousio. As populações de organismos do solo são sensíveis a todas as actividades destinadas a alterar a composição dos nutrientes. Na prática do bem-estar do solo, os fertilizantes sintéticos provaram ter impacto na composição da comunidade de nematóides, diminuindo a abundância de nematóides fungívoros (Herren et al., 2020; Zhang et al., 2017). Portanto, este estudo tem como objetivo avaliar o uso de fertilizantes sintéticos e composto como prática corretiva para parasitas transmitidos pelo solo e uma medida para a melhoria das culturas para acabar com a insegurança alimentar.

Materiais e métodos

Área de estudo: Este estudo foi efectuado num pedaço de terra com 30 cm por 30 cm no campus Oeste da Universidade Federal de Otuoke. Otuoke fica no Reino de Ogbia, a 25 metros de Yenagoa, a capital do estado de Bayelsa. Otuoke situa-se a 21° 27ʼ 17 E, 20° 29ʼ 31N.

Desenho experimental: A investigação adoptou o desenho de blocos aleatórios completos com quatro tratamentos e quatro réplicas para o estudo. O local de investigação foi dividido em quatro parcelas e foram feitos quatro canteiros em cada uma, com dez pontos de plantação. O pimento com 21 semanas de idade foi transplantado após a aplicação de fertilizantes sintéticos e composto.

Aplicação de fertilizantes: As parcelas de terra foram designadas A-D. A parcela A foi tratada com 2 kg de ureia, a B foram adicionados 2 kg de NPK, a C tinha 5 kg de composto e a D não foi tratada para servir de controlo e foi deixada a mineralizar antes do transplante de plântulas de pimento com 21 dias.

Avaliação da infecciosidade do nemátodo: A cultura foi avaliada morfologicamente quanto a sintomas foliares de nemátodos. Os sintomas subterrâneos de lesões iniciadas por nemátodos, como o nó da raiz, também foram avaliados e classificados.

Avaliação do desempenho da cultura: Em cada época de amostragem, foram correlacionados parâmetros de crescimento como a circunferência da planta, o comprimento, o número de ramos e o número de frutos.

Recolha de amostras

Recolha de solo: o solo foi recolhido em todas as parcelas aos 30, 60 e 90 dias após o transplante. Em cada canteiro, o solo foi recolhido a uma profundidade de 0-20 cm.

Recolha de raízes: Simultaneamente, as raízes também foram recolhidas e tanto as raízes como o solo foram transportados em sacos de amostras para o laboratório para o bioensaio.

Extração de nemátodos: No laboratório, foi utilizado o método de Barman modificado para a extração, tal como descrito em Imafidor e Ekine (2016), e os nemátodos foram identificados ao nível do género utilizando chaves pictóricas e atlas de nemátodos.

Análise dos dados: As tabelas foram apresentadas em percentagens simples e o teste de significância foi efectuado no SPSS versão 23 utilizando ANOVA.

Resultados

Populações de nemátodos do solo

A avaliação do solo aos 30, 60 e 90 dias após a aplicação de ureia, fertilizantes NPK e composto revelou uma riqueza total de nemátodos de 1.625 nas parcelas estudadas. Estes nemátodos foram extraídos aos 30 dias (24,4%) após o tratamento do solo com fertilizantes sintéticos e composto. No entanto, a amostragem do solo aos 60 dias tinha 43,7% e a amostragem aos 90 dias após o tratamento do solo com fertilizantes sintéticos e composto tinha 31,9% de abundância de nemátodos.

O conjunto de nemátodos patogénicos na raiz do pimento foi relativamente insignificante neste estudo. No entanto, foram registadas percentagens mais elevadas de nemátodos do solo e da raiz na parcela D sem tratamento de fertilizantes sintéticos ou composto (Quadro 1 e Figura 1).

Os sintomas relacionados com a infecciosidade do nemátodo foram registados neste estudo e foram mais frequentes na parcela D sem tratamento com estrume, quando comparados com os observados nas parcelas A-B e C tratadas com fertilizantes sintéticos e composto, respetivamente.

Quadro 1: Populações de nemátodos do solo

Sampling duration	Nematodes	2kg urea Plot A (%)	2kg NPK-plot B (%)	5kg compost Plot C (%)	No treatment Plot D (%)	Total (%)
30 days sampling	*Meliodogyne*	12 (17.4)	38 (35.5)	19 (19.8)	25(20.0)	**94 (23.7)**
	Pratylenchus	9 (13.0)	0	30 (31.3)	11(8.8)	**50 (12.6)**
	Helicotylenchsu	20 (29.0)	11 (10.3)	0	20 (16.0)	**51 (12.8**
	Heterodera	0	38 (35.5)	4 (4.2)	41 (32.8)	**83 (20.9)**
	Hoplolaimus	9 (13.0)	0	7 (7.3)	0	**16 (4.0)**
	Hoplolaimus	17 (24.6)	20 (18.7)	13 (13.5)	9 (7.2)	**59 (14.9)**
	Tylenchus	2 (2.9)	0	23 (24.0)	19 (15.2)	**44 (11.1)**
	Total	**69 (17.4)**	**107 (27.0)**	**96 (24.2)**	**125 (31.0)**	**397 (24.4)**
60 days sampling	*Heterodera*	4 (5.3)	0	9 (3.7)	36 (13.8)	**49 (6.9)**
	Meliodogyne	9 (12.0)	7 (5.3)	13 (5.4)	33 (12.7)	**62 (8.7)**
	Pratylenchus	6 8.0)	11 (8.3)	18 (7.4)	29 (11.2)	**68 (9.6)**
	Rhabditis	18 (24.0)	20 (15.0)	27 (11.2)	0	**65 (9.2)**
	Aphelenchus	20 (26.6)	16 (12.0)	31 (12.9)	5 (1.9)	**72 (10.1)**
	Aphelenchoides	15 (20.0)	27 (20.3)	34 (14.0)	37 (14.2)	**113 (18.7)**
	Longidorus	9 (12.0)	0	15 (6.2)	21 (8.0)	**45 (6.3)**
	Radopholus	7 (9.3)	21 (15.8)	29 (11.9)	40 (15.4)	**97 (13.6)**
	Monochid	0	11 (8.3)	32 (13.2)	6 (2.3)	**49 (6.9)**
	Tylenchorynchus	2 (2.6)	13 (9.8)	25 (10.3)	31 (11.9)	**71 (10.0)**
	Ditylenchus	0	7 (5.3)	9 (3.7)	22	**38 (5.4)**
	Total	**75 (10.6)**	**133 (18.7)**	**242 (34.1)**	**260 (36.6)**	**710 (43.7)**
90 days sampling	*Aphelenchus*	6 (15.0)	0	19 (15.3)	9 (3.0)	**34 (6.6)**
	Aphelenchoides	9 (22.5)	9 (16.1)	0	23 (7.7)	**41 (7.9)**
	Longidorus	4 (10.0)	20 (35.7)	6 (4.8)	31 (10.4)	**61 (11.8)**
	Radopholus	0	0	9 (7.0)	38 (12.8)	**47 (9.1)**
	Monochid	4 (10.0)	9 (16.1)	18 (14.5)	6 (2.0)	**37 (7.1)**
	Meliodogyne	1 (2.5)	0	14 (11.3)	46 (15.4)	**61 (11.8)**
	Panagrolaimus	8 (20.0)	5 (8.9)	0	0	**13 (2.5)**
	Paratylenchus	4 (10.0)	11 (19.6)	21 (16.9)	28 (9.4)	**64 (12.4)**
	Pratylenchus	1 (2,5)	0	18 (14.5)	39 (13.1)	**58 (11.2)**
	Helicotylenchus	0	2 (3.6)	8 (6.5)	32 (10.7)	**42 (8.10**
	Heterodera	3(7.5)	0	11 8.9)	46 (15.4)	**60 (11.6)**
	Total	**40 (7.7)**	**56 (10.8)**	**124 (24.0)**	**298 (57.5)**	**518 (31.9)**
	G Total					**1,625**

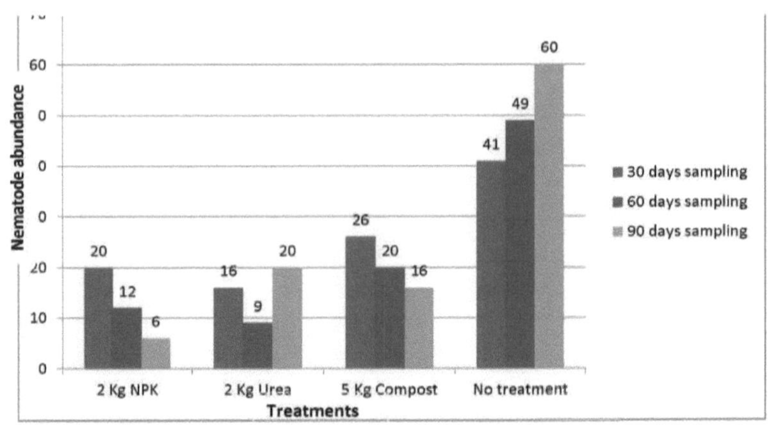

Fig 1: Conjuntos de nemátodos no tecido radicular

Avaliação do índice de galhas para parasitas agronómicos

O exame das raízes revelou um índice de galhas limitado, o que implica uma infeção ligeira ou inexistente nas parcelas tratadas com 2 kg de ureia e composto, enquanto a parcela com 2 kg de NPK não teve qualquer infeção. No entanto, foi observada uma infeção grave na parcela D sem tratamento (Quadro 2).

Quadro 2: Índice de galhas de nemátodos no pimento

Treatment	Gall index	Interpretation
2 kg urea	2	Minimal infection
2 Kg NPK	5	No infection
5 Kg compost	10	Minimal infection
No treatment	45	Server infection

Desempenho do crescimento do pimento em solos tratados com fertilizantes e composto

O exame global da cultura mostra um melhor desempenho geral da cultura do pimento na parcela A-C com o tratamento de fertilizantes sintéticos e composto. No entanto, o desempenho da cultura na parcela D, sem tratamento com estrume, apresentou variações contrárias às observadas na parcela A-C.

Quadro 3: Desempenho do crescimento das plantas de pimento

	Treatment	Stem height (cm)	Plant girth (cm)	Leaf number	Wet root weight (g)	Fruit number	Fruit weight (g)
30 days	2 kg urea	25.9	2.0	28.0	27.6		
	2 kg NPK	27.4	1.8	25.0	32.3		
	5 kg compost	23.7	1.9	25.0	29.0		
	No treatment	23.7	0.9	21.0	23.0		
	2 kg urea	53.0	4.1	32.0	30.1		
	2 kg NPK	57.5	4.4	32.0	32.0		
60 days	5 kg compost	48.2	3.0	30.0	32.0		
	No treatment	32.6	2.4	27.0	20.7		
	2 kg urea	63.4	5.2	32.0	33.0	97.0	14.2
90 days	2 kg NPK	67.0	5.8	32.0	35.2	109.0	20.0
	5 kg compost	54.8	3.6	30.0	32.6	94.0	16.0
	No treatment	32.6	2.4	27.0	16.3	37.0	9.4

Discussão

A sequência de propagação dos parasitas agronómicos e a afluência no solo podem muitas vezes ser controladas através do emprego de estratégias distintas com o objetivo de melhorar a agricultura e controlar as pragas. Este estudo testou a relevância dos fertilizantes sintéticos e do composto como escolha de controlo de fitoparasitas e como técnica de melhoramento das culturas para evitar a insegurança alimentar. O estudo revelou um total de 397 (24,4%) nemátodos do solo aos 30 dias de amostragem em todos os tratamentos e réplicas. As réplicas A e B com ureia e NPK (fertilizantes sintéticos) tinham 17,4% e 27,0%, respetivamente. A réplica C com composto teve 24,2% e a riqueza de nemátodos na réplica D sem tratamento foi de 31,0%. O padrão de ocorrência de nemátodos foi influenciado pelo uso de fertilizantes sintéticos e composto e pela presença da cultura do pimento. O resultado está em conformidade com Adamou et al. (2013), que relataram uma grande concentração de parasitas no pimentão amarelo. Durante este período de amostragem, houve uma prevalência de espécies de parasitas que infectam as plantas, como as espécies *Meloidogyne* (23,7%), *Heterodera* (20,9%), *Hoplolaimus* (14,9%) e *Helicotylenchus* (12,8%). Esta observação é indicativa de que a planta do pimento está em risco elevado de infecciosidade por parasitas agronómicos e deve ser controlada para evitar a sua extinção na área.

Sessenta dias após a amostragem do solo, verificou-se uma população total de 710 (43,7%) para os parasitas agronómicos. No entanto, houve uma redução na riqueza de parasitas (nemátodos) das réplicas A (10,6%) e B (18,7%) com fertilizantes sintéticos. A manifestação de uma assembléia ligeiramente baixa dos parasitas agronômicos, como visto nesta fase de amostragem, mostra que os fertilizantes sintéticos demonstraram ação potencial eficaz na inibição da sequência de profusão dos fitoparasitas. Farahat *et al.* (2012) relataram que o fertilizante NPK foi eficaz na repressão dos estágios de desenvolvimento de parasitas do solo em estudos de alteração bioquímica. No entanto, houve aumento populacional na réplica C com composto com prevalência de fungos e espécies alimentadoras de nematóides como *Aphenchoides* (14,0%), *Monochid* (13,2%) e *Aphelenchus* (12,9%). Este cenário é indicativo de que as espécies de parasitas que se alimentam de plantas estão em perigo e que a ameaça imposta pela infecciosidade dos nemátodes pode ser subjugada com a incorporação adequada de composto. A inclusão de adubo orgânico pode impulsionar a biota do solo, entre os quais estão os consumidores de nemátodos, causando o despovoamento de espécies fitoparasitárias e conseguindo uma boa gestão dos agentes patogénicos transmitidos pelo solo (Ekine & Ezenwaka, 2023; Herren et al., 2020; Zhang et al., 2017). Na réplica D sem tratamento houve 36,6% de ocorrência. Este resultado resume que a propagação e profusão dos parasitas agronómicos no ecossistema do solo sem nenhum mecanismo de controlo pode impulsionar um rápido aumento. Noutro lugar, imren et al. (2017) relataram uma população elevada de *Pratylenchus thornei* em disponibilidade contínua de trigo sem nenhuma medida de gestão para o parasita.

O declínio na incidência real de nemátodos continua aos 90 dias de amostragem do solo nas réplicas A (7,7%) e B (10,8%) com fertilizantes sintéticos e as populações de espécies vivas livres aumentam na réplica C com composto. Este resultado implica que os fertilizantes sintéticos não suportam a quiescência dos nemátodos e podem controlar com sucesso os parasitas no solo cultivado. Neste estudo, o composto influencia a estrutura da comunidade de nemátodos e a composição de espécies, apresentando espécies de pastagem elevadas em comparação com espécies que se alimentam de plantas como prolongamento da amostragem. Esta observação sugere que o uso de composto pode efetivamente servir como uma medida de gestão para nematóides em agro nematologia para os parasitas agronómicos. Steel et al. (2018) relataram que os fertilizantes sintéticos podem ter impacto na ocorrência de nematóides e reduzir as populações abaixo do limite. O resultado aqui mostra que o composto exibe a potência para melhorar a saúde do solo e agitar as interações microbianas e aumenta as competições interespecíficas no ecossistema do solo, o que não é favorável à propagação de nematóides. A população de nemátodos pode ser controlada com condições que aumentam os factores de stress ambiental no solo (Ekine & Ezenwaka, 2024; Hu & Qi, 2010).

A população de nemátodos nas raízes do pimento foi limitada nas réplicas A (12,0%), B (15,3%) e C (21,0%) em comparação com a observação na réplica D (50,8%) sem tratamento. Estas variações indicam ainda que os fertilizantes sintéticos e o composto são viáveis como possibilidade de controlo de nemátodos. O índice de galhas também foi muito baixo, mostrando ausência de infeção e infeção mínima. No entanto, a concentração nas raízes do pimento e o índice de galhas foram muito elevados na réplica D sem tratamento, o que indica que os nemátodos são pragas factuais do pimento e devem ser controlados para uma produção sustentável. Noutro local, Ekine e Ezenwaka (2023) referem que o composto é um meio de controlo viável para parasitas de plantas e pode acabar adequadamente com a insegurança alimentar se for devidamente incorporado na agricultura.

O desempenho médio das culturas nas parcelas com fertilizantes de ureia e NPK foi melhor em comparação com a observação na parcela com composto. No entanto, o desempenho da produção na parcela D, sem qualquer adubação, não foi apreciável. Este cenário mostra que a utilização de fertilizantes, quer orgânicos quer artificiais, pode servir como medida de controlo dos parasitas do solo e como técnica de melhoramento das culturas na Nigéria, se for devidamente aproveitada. Noutro local, Han et al. (2016) relataram uma melhoria do rendimento das culturas com a aplicação de fertilizantes orgânicos e inorgânicos.

Conclusão

O estudo revelou que os fertilizantes, quer artificiais quer orgânicos, possuem o influxo de energia necessário para controlar adequadamente as actividades dos parasitas agronómicos e melhorar o desempenho do rendimento das culturas. O estudo indica ainda que a agricultura com fertilizantes pode praticamente gerir as pragas das culturas no solo e aumentar o rendimento e a disponibilidade de alimentos.

Recomendação

Os agricultores devem adotar a aplicação de fertilizantes sintéticos e orgânicos como prática para compensar os efeitos dos parasitas agronómicos e das pragas, a fim de aumentar a segurança alimentar.

Referências

Adamou, H., Sarr, E., & Djibey, R. (2013). Biodiversidade de nemátodos parasitas de plantas associados à pimenta nas regiões de Diffa e Dosso (República do Níger). *Revista Internacional de Agricultura e Ciências Afins,* 2(15), 482-487.

Ekine, E.G. & Ezenwaka, C. O (2023). Impacto de parâmetros físico-químicos melhorados do solo na dinâmica da população de nemátodos. *Jornal Internacional de Investigação Biológica Aplicada,* 14(2), 83 - 93.

Ekine, E.G & Ezenwaka C. O. (2024). Impactos do estrume de aves de capoeira compostado na infecciosidade do nemátodo e no rendimento do pimentão. *FUOYE Journal of Pure and Applied Sciences,* 9 (1), 90 102.

Ezenwaka, C.O & Ekine, E.G (2024). Avaliação de pragas de nemátodos de plantas ornamentais na Universidade Federal de Otuoke, Estado de Bayelsa, Nigéria. *Revista Internacional de Avanço da Investigação Biológica,* 1 (1) 40-46.

Faisal, M, Imaran, K, Umaur, A, Tanuir, S & Sabir, H (2017). Efeito do adubo orgânico e inorgânico no milho e seu impacto residual nas propriedades físico-químicas do solo. *Jornal do Solo e Nutrição de Plantas,* 17 (1), 22-23.

Han, S.H., Ji Y.A., Jaehong, H., Se, B.K., & Byung, B.P (2016). O efeito do adubo orgânico e do fertilizante químico e o crescimento e concentração de nutrientes do pimentão amarelo no sistema de viveiro. *Sociedade Florestal Coreana,* 12 (3), 137- 143.

Herren, G.L., Habraken, J., Waeyeberege, L., Haegeman, A., Viaene, N., &

Cougnon, M (2020). Efeitos do fertilizante sintético e do composto agrícola na comunidade de nematóides do solo em parcelas de rotação de culturas de longo prazo; uma abordagem de morfologia e metabarcação. Plos One, 15 (3)230-237.

Hu, C., & Qi, Y. (2010). Efeito do composto e do fertilizante químico na comunidade de nemátodos do solo num campo de milho chinês. *Europian Journal of Soil Biology,* 46, 230-236.

imren, M., Ciftci, V., Yildiz, S Kütük, H., & Dababat, A. A. (2017). Ocorrência e dinâmica populacional do nematoide de lesão radicular Pratylenchus thornei (Sher e Allen) no trigo em Bolu, Turquia. *Turkish Journal of Agriculture and Forestry,* 41 (1), 35-41.

Nzeako, S. O., Imafidor, H.O., Uche, A.O. & Ogufere, M.O (2016). Actividades antropogénicas relacionadas com a agricultura nos nemátodos do solo no Delta do Níger, Nigéria. *Revista Internacional de Ciência Aplicada - Investigação e Revisão,* 1 (3), 161-169.

Orluoma, C.A., Ekine, E.G & Karibi, E.I (2023). Populações de fitonematóides parasitas em campos cultivados com amendoim (*Arachis hypoeal*) na Área do Governo Local de Egbolom Abual/Odual, Estado de Rivers, Nigéria. *FNAS Journal of Scientific Innovations* 4 (2) 19-26.

Ozdemir,F.G.G., Ya$ar,B., & Elekcioglu, I.H (2021). Distribuição e densidade populacional de nemátodos parasitas de plantas em áreas de produção de cereais das províncias de Isparta e Burdur da Turquia.*Turkey Entomolog derg,* 45(1)53-64.

Steel, H., Moens, T., Vandecasteele B, Hendrickx F, De Neve, S., & Neher, D.A, (2018). Fatores que influenciam a comunidade de nematóides durante a compostagem e critérios baseados em nematóides para a maturidade do composto. *Ecological Indices,* 85: 409-421.

Zhang, X., Ferris, H., Mitchell, J., & Liang, W. (2017). Serviços ecossistémicos da teia alimentar do solo após a aplicação a longo prazo de práticas de gestão agrícola. *Biologia e Bioquímica do Solo;111:* 36-43.

Tema 7: Efeitos da estação do ano na distribuição vertical dos vermes da enguia no solo cultivado com pimentão

Resumo

O estudo examinou a riqueza de vermes da enguia no solo em três profundidades, nas estações seca e húmida, para inferir sobre os efeitos da estação na distribuição vertical dos parasitas agronómicos. O solo foi recolhido aleatoriamente da rizosfera do pimentão a 0-10 cm, 11-20 cm e 21-30 cm de profundidade, nas estações seca e húmida, utilizando um trado de solo. A extração dos nemátodos foi feita através da técnica da placa de peneiração modificada e foi utilizada uma chave pictórica para a identificação ao nível dos géneros. A concentração de vermes da enguia na estação seca foi de 20,4%, 33,6% e 46,0 em profundidades de 1-10 cm, 1120 cm e 21-30 cm, respetivamente. Este resultado sugere que a luz solar frequente observada na estação seca não suporta a sobrevivência dos vermes nos núcleos de 1-10 cm e 11-20 cm de profundidade, pelo que os vermes da enguia apresentam uma migração constante para baixo para se manterem vivos. Durante a estação húmida, verificou-se um decréscimo constante da população de minhocas na profundidade do núcleo do solo. A concentração da população na profundidade do núcleo foi de 49,3% a 1-10 cm, enquanto que a 11-20 cm e a 21-30 cm foi de 37,2 e 13,5, respetivamente. Esta observação sugere que as minhocas-da-enguia foram capazes de encontrar uma fonte suficiente de alimento para a sua substância vital na parte superior do solo (1-10 cm de profundidade do núcleo) e desencoraja um maior movimento descendente. A diversidade de espécies de nemátodos foi distribuída de forma desigual ao longo da profundidade do núcleo dentro da estação. O estudo concluiu que as variações sazonais têm impacto na riqueza de nemátodos e na sua distribuição ao longo da profundidade do solo.

Palavras chave: Pimentão, profundidade do núcleo, vermes da enguia, distribuição vertical.

Introdução

Os vermes da enguia, também chamados nemátodos parasitas de plantas, são parasitas obrigatórios de importância agronómica. Estão adequadamente adaptados ao padrão de vida parasitária e podem parasitar todas as culturas com ancoragem no solo (Adegbite et al., 2018; Gregory et al., 2017; Imafidor & Ekine 2016). Embora existam espécies de benefício económico, o grupo de alimentação de plantas é mais pronunciado. Os vermes fitoparasitas da enguia têm sido implicados como pragas de culturas em todo o mundo. A presença destes vermes está a ameaçar a segurança alimentar global. São considerados como o inimigo oculto do agricultor (Coyne *et al.*, 2018; Orluoma *et al.*, 2023), isto porque antagonizam o esforço do agricultor. O controlo destes minúsculos vermes do solo parece ser um desafio, uma vez que a medida em que estabelecem danos nas plantas cultivadas não é evidente. Assim, o agricultor fica com o fardo de conseguir a estratégia de gestão correta e de travar a praga imposta à sociedade pelas actividades destas minhocas.

Os vermes da enguia são geralmente conhecidos pelo seu parasitismo efetivo com plantas de culturas de campo de afiliações e preferências próximas. Ou seja, a ausência de certas culturas vegetais no campo devido a condições desfavoráveis que podem resultar de mudanças de estação pode significar a falta de uma fonte suficiente de alimento para actividades metabólicas activas para certas espécies de nemátodos do solo e pode resultar na morte dessas espécies. A ordem de desenvolvimento das plantas cultivadas pode ter impacto na sequência de profusão dos vermes da enguia preferidos e facilitar ou prejudicar a propagação no que diz respeito à estação e ao sistema radicular da planta cultivada específica.

As culturas são facilmente influenciadas por lesões que emanam das actividades dos vermes da enguia (Gregory et al., 2017). Assim, a compreensão da relação entre a profundidade da raiz da cultura e a estação de atividade dos vermes da enguia e a distribuição da profundidade do núcleo das espécies pode ser significativa na criação de um mecanismo de controlo dos parasitas e melhorar o desempenho das culturas. Os nemátodos são principalmente migratórios; este hábito migratório depende sobretudo da humidade e da temperatura do solo, que são diretamente reguladas pela estação. Ou seja, a determinação da estação ativa dos nemátodos, com a correspondente profundidade de ocorrência, pode beneficiar o agricultor em termos de tempo de cultivo e de variedade de cultura adequada, com um bom conhecimento do sistema radicular da cultura no solo. Assim, um olhar crítico sobre a distribuição dos nemátodos em função da estação do ano poderia colocar o agricultor numa posição melhor e facilitar o mecanismo de gestão. Por conseguinte, o objetivo deste estudo é examinar o solo em torno da região radicular do pimentão para determinar os efeitos da estação do ano na distribuição vertical dos vermes da enguia.

Materiais e materiais

Este estudo foi realizado na área de investigação do departamento de Biologia da Universidade de Educação Ignatius Ajeru. O local situa-se entre 155 e 200 km a norte da antiga cidade de Port Harcourt, a capital do Estado de Rivers. A área tem duas estações, uma seca (novembro - abril) e outra húmida (maio - outubro).

A área de investigação (20 cm - 15 cm) foi dividida em quatro parcelas. Estas parcelas foram designadas A, B, C e D. Em cada parcela, foram feitos quatro canteiros e cultivado pimentão. O estudo foi realizado entre janeiro - março (estação seca) e julho - setembro de 2023 (estação das chuvas).

O solo foi recolhido aleatoriamente da rizosfera do pimentão a 0-10 cm, 11-20 cm e 21-30 cm de profundidade nas quatro parcelas da área de investigação. As amostras de solo foram recolhidas com um trado de solo e foi recolhido um total de cinquenta amostras de solo em cada período de amostragem (dez amostras em cada parcela) por estação, perfazendo um total de cento e cinquenta amostras, com um total de trezentas amostras de solo. As amostras de solo foram acondicionadas em sacos impermeáveis devidamente etiquetados para formar uma amostra global e posteriormente transportadas para o laboratório para extração de nemátodos.

Os nemátodos foram extraídos utilizando a técnica da placa de peneiração modificada, tal como descrito por Ekine *et al.* (2018) e a identificação dos nemátodos ao nível dos géneros foi feita utilizando a chave pictórica dos nemátodos (Mekete *et al.,* 2012)

A frequência de ocorrência de nemátodos na profundidade do núcleo foi determinada utilizando uma percentagem simples (n x 100/N). No entanto, a significância da distribuição dos nemátodos na estação do ano ao longo da profundidade do núcleo foi obtida utilizando ANOVA, enquanto o teste t dependente foi utilizado para testar a influência significativa da estação do ano na abundância de nemátodes entre as estações do ano.

Resultados

Distribuição de nemátodos nas várias profundidades dos núcleos durante as estações seca e húmida

A riqueza de nematóides neste estudo foi de 1.365. Entre os 1.365 nemátodos encontrados neste estudo, 655, representando 48,0%, foram registados na estação seca, onde 20,4%, 33,6% e 46,0% foram extraídos de núcleos de 1-10 cm, 11-20 cm e 21-30 cm de profundidade, respetivamente. A estação húmida registou um conjunto total de 710 nemátodos (52,0%). Dos 710 nemátodos na estação húmida, 49,3% foram revelados em núcleos de 1-10 cm de profundidade, 37,2% em núcleos de 11-20 cm e 13,5% em núcleos de 21-30 cm de profundidade.

O estudo registou 11 géneros de nemátodos, entre os quais 9 foram encontrados tanto na estação seca como na estação húmida, enquanto 2 espécies, *Scutellonema* e *Rotylenchus*, eram peculiares apenas à estação húmida. A distribuição dos nemátodes pelas profundidades dos núcleos dentro da estação mostra disparidades entre as espécies de nemátodes. Por exemplo, durante a estação seca, o conjunto de espécies de *Meliodogyne* (23,8%) foi mais prevalente a 1-10 cm de profundidade do núcleo e as espécies de *Heterodera* (18,6%) e 16,9%) registaram maiores populações a 11-20 cm e 21-30 cm de profundidade do núcleo, respetivamente. No entanto, na estação húmida, as espécies *de Radopholus* (16,6%) apresentam populações elevadas a 1-10 cm de profundidade, enquanto as espécies de Rotylenchus (14,8%) foram as mais prevalecentes a 11-20 cm de profundidade e as espécies de *Meloidogyne* (20,8%) foram mais ricas a 21-30 cm de profundidade.

Distribuição de nemátodos na profundidade do núcleo entre as estações seca e húmida

	Nematodes	1-10 cm (%)	11-20 cm (%)	21-30 cm (%)	Total (%)
Dry season	*Radopholus*	11 (8.3)	18 (8.2)	32 (10.6)	61 (9.3)
	Hoplolaimus	17 (12.7)	5 (2.3)	41(13.6)	63 (9.6)
	Longidorus	25 (18.7)	4 (1.8)	20 (6.6)	49 (7.5)
	Ditylenchus	21 (15.7)	25 (11.4)	31 (10.3)	77 (11.8)
	Meloidogyne	32 (23.8)	38 (17.3)	28 (9.3)	98 (15.0)
	Pratylecnhus	O	37 (16.8)	40 (13.3)	77 (11.8)
	Heterodera	21 (15.7)	41 (18.6)	51 (16.9)	113 (17.2)
	Tylecnhus	7 (5.2)	33 (15.0)	32 (10.6)	72 (11.0)
	Helicotylenchus	0	19 (8.6)	26 (8.6)	45 (6.8)
	Total	**134 (20.4)**	**220 (33.6)**	**301 (46.0)**	**655 (48.0)**
	Pv = .26				
Wet season	*Heterodera*	31 (8.9)	19 (7.2)	4 (4.2)	54 (7.6)
	Hoplolaimus	27 (7.7)	20 (7.6)	11 (11.5)	58 (8.2)
	Longidorus	37 (10.6)	11 (4.2)	17 (17.7)	65 (9.2)
	Ditylenchus	15 (4.3)	28 (10.6)	12 (12.5)	55 (7.7)
	Meloidogyne	40 (11.4)	31 (11.7)	20 (20,8)	80 (11.3)
	Pratylecnhus	34 (9.7)	21 (8.0)	9 (9.4)	64 (9.0)
	Radopholus	50 (16.6)	27 (10.2)	0	77 (10.9)
	Tylecnhus	32 (9.1)	21 (8.0)	3 (3.1)	58 (8.2)
	Helicotylenchus	29 (8.3)	16 (6.0)	8 (8.3)	53 (7.5)
	Rotylenchus	19 (5.4)	39 (14.8)	8 (12.5)	66 (9.2)
	Scutellonema	36 (10.3)	31 (10.3)	12	79 (11.1)
	Total	**350 (49.3)**	**264 (37.2)**	**96 (13.5)**	**710 (52.0)**
	Pv = .04				

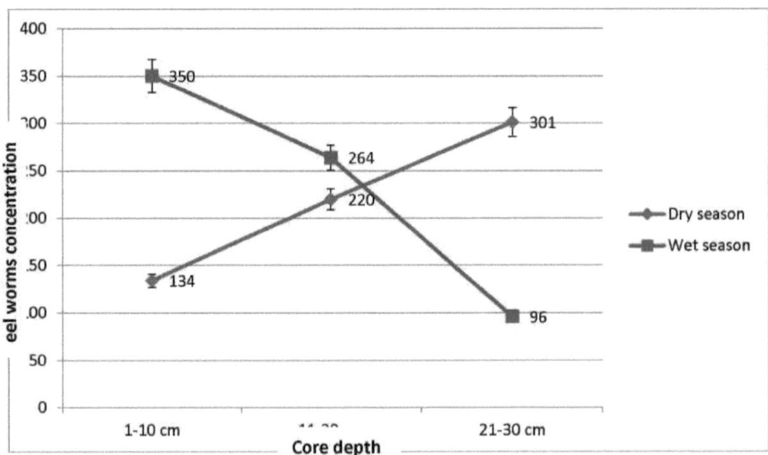

Fig 1: Concentração de minhocas-da-enguia ao longo da profundidade

do núcleo do solo na estação seca e húmida

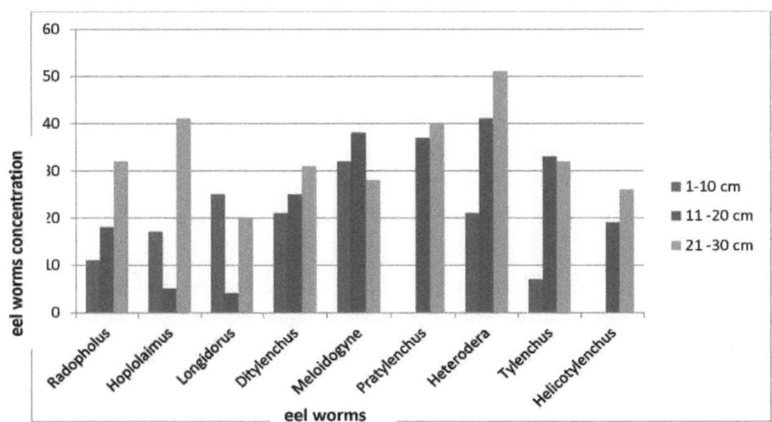

Fig 2: Diversidade de vermes da enguia em cada profundidade do núcleo na estação seca

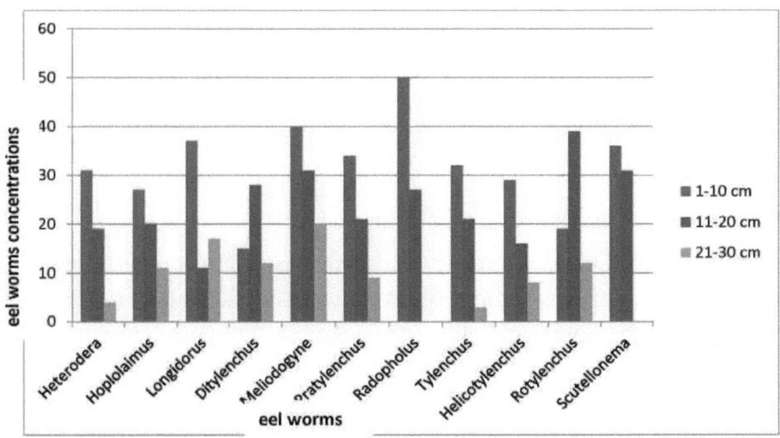

Fig. 3: Diversidade de minhocas na profundidade do núcleo do solo na estação húmida

Discussão

O estudo examinou a riqueza de vermes da enguia no solo em três profundidades de núcleo nas estações seca e húmida para inferir sobre os efeitos da estação na distribuição da população dos parasitas agronómicos. A concentração de anelídeos na estação seca foi de 20,4%, 33,6% e 46,0 em profundidades de 1-10 cm, 11-20 cm e 21-30 cm, respetivamente. A baixa concentração de anelídeos a 1-10 cm de profundidade do núcleo sugere que as condições de campo no solo superior não eram favoráveis à propagação de nemátodos. Isto é, durante a estação seca, a concentração de nutrientes era mínima na parte superior do solo (profundidade do núcleo de 1-10 cm). Gboeloh *et al.* (2019) e Holmstrup *et al.* (2010) afirmam que os vermes da enguia podem estar bem estabelecidos no solo, apoiando a sua propagação e podem empregar hipobiose em condições de campo advertidas.

O estudo mostrou uma alta prevalência de populações de vermes da enguia na profundidade do núcleo durante a estação seca. Este resultado sugere que a luz solar frequente observada na estação seca não suporta a sobrevivência dos vermes a 1-10 cm e 11-20 cm de profundidade do núcleo, pelo que os vermes da enguia exibem uma migração constante para baixo para se manterem vivos. Cerevkova e Cagnan (2012) opinaram que os nemátodos formam colónias no ponto da raiz e tendem a migrar para baixo à medida que o solo seca. Uma vez que as minhocas-da-enguia sobrevivem com base no conteúdo nutricional do solo, o movimento físico rápido das espécies para baixo para assegurar a sua existência contínua é inevitável quando o conteúdo de humidade se torna mínimo na parte superior do solo e o solo fica mais seco durante as estações secas.

A distribuição vertical das minhocas durante a estação húmida mostrou um contraste em comparação com a observação na estação seca. Verificou-se uma diminuição constante da população de enguias ao longo da profundidade do núcleo do solo. A concentração da população na profundidade do núcleo foi de 49,3% em 1-10 cm, enquanto que em 11-20 cm e 21-30 cm foi de 37,2 e 13,5, respetivamente. Esta observação sugere que as minhocas-da-enguia conseguiram encontrar uma fonte suficiente de alimento para a sua substância vital na parte superior do solo (1-10 cm de profundidade do núcleo) e foram desencorajadas de continuar a descer. Andrea e Ludovit (2012) referem que as condições que afectam os factores do solo podem prever a distribuição dos nemátodos no solo. O declínio constante das populações de nemátodos ao longo da profundidade do núcleo do solo mostra que os nemátodos são reactivos às condições de campo no ambiente em todas as estações e adoptam o mecanismo de sobrevivência mais rápido para se manterem vivos. Fiscus e Neher (2002), afirmam que as enguias, especialmente as espécies de vida livre, são sensíveis a todas as interrupções físicas e químicas do ambiente. Neste estudo, a concentração de enguias em cada profundidade do núcleo foi influenciada pela estação do ano.

A diversidade de espécies de nemátodos foi distribuída de forma desigual ao longo da profundidade dos núcleos durante a estação. Por exemplo, durante a estação seca, o conjunto de espécies de *Meliodogyne* (23,8%) foi mais prevalente a 1-10 cm de profundidade do núcleo e as espécies de *Heterodera* (18,6%) e 16,9%) registaram populações maiores a 11-20 cm e 21-30 cm de profundidade do núcleo, respetivamente. No entanto, na estação húmida, as espécies *de Radopholus* (16,6%) apresentam populações elevadas nos núcleos de 1-10 cm de profundidade, enquanto as espécies de *Rotylenchus* (14,8%) foram as mais prevalecentes nos núcleos de 11-20 cm de profundidade e as espécies de *Meloidogyne* (20,8%) foram mais ricas nos núcleos de 21-30 cm de profundidade. Este cenário implica que a distribuição da lagarta da enguia nos campos pode ser afetada por forças predominantes do ambiente e pela técnica de sobrevivência das espécies. A distribuição real dos vermes da enguia em relação a cada profundidade do núcleo foi estatisticamente significativa dentro e entre as estações ($p < 0,05$).

Conclusão

As alterações na estação do ano têm impacto na riqueza e distribuição de nemátodos ao longo da profundidade do núcleo no solo. A distribuição dos vermes da enguia com a estação do ano ao longo da profundidade do núcleo foi significativa nas estações húmidas e secas e dentro das estações.

Referências

Adegbite, A. A., Atere, C. T., & Fawole, B. (2018). Patogenicidade e distribuição de nemátodos parasitas de plantas em solos agrícolas urbanos de Lagos, Nigéria. *Jornal Nigeriano de Proteção das Plantas,* 32(1), 59-66.

Andrea, C. & Ludovit, D (2012). Efeito sazonal da dinâmica populacional de nematóides do solo em um campo de milho. *Jornal da Agricultura da Europa Central* 13 (4),739-746.

Cerevkova, A & Cagnan, L. (2012). Efeito sazonal na dinâmica populacional de nematóides do solo em um campo de milho. *Jornal da Agricultura da Europa Central,* 13 (4), 739-746.

Coyne, D.L., Cortada, L., Dalzell, J.J., Claudius-cole, A.O., Haukeland, S, Luambano, N., & Talwana, H (2018). Nemátodos parasitas de plantas e segurança alimentar na África subsaariana. *Revisão Anual de Fitopatologia,* 56(4), 381-403.

Fiscu, D.A & Neher D.A (2002). Distinguir a sensibilidade de géneros de nemátodos de vida livre a perturbações físicas e químicas. *Ecology Application,* 12 (23), 565-570.

Gboeloh L.B., Elele, K & Ekine, E.G (2019). Nemátodos parasitas de plantas associados ao pepino (*Cucumis sativa*) na área do governo local de Abua/Odual, no estado de Rivers. *Revista Internacional de Ciência, Tecnologia, Engenharia, Matemática e Educação Científica* 4 (1) 23-31.

Gregory, C.B., Marceline, E., & Conrad, B (2017). Impacto dos nemátodos parasitas de plantas na agricultura e métodos de controlo. *Ciência aberta,* 7, 125-127.

Holmstrup, M., Bindesbol, A.M., Oostingngh, G.J & Duschi, A. S (2010). Interação entre o efeito de produtos químicos ambientais e sensores naturais. *Ciência do Ambiente Total,* 408(22),

Imafidor. H.O & Ekine E.G (2016). Um levantamento das pragas de nemátodos da cultura da mandioca *(Manihotesculenta)* no estado do rio, Nigéria. *Jornal* Africano *de Zoologia Aplicada e Biologia Ambiental* 18:17-18.

Mekete, T., Dababa, A., Sekora, N., Akyazi, F & Abebe (2012). Chave de identificação para o curso de identificação de nemátodos parasitas de plantas de importância agrícola. Um manual de identificação de nemátodos,109.

Orluoma, C.A., Ekine, E.G & Karibi, E.I (2023). Populações de nemátodos fitoparasitas em campos cultivados com amendoim (*Arachis hypoeal*) na área do governo local de Egbolom Abual/Odual, Estado de Rivers,

Nigéria. *FNAS Journal of Scientific Innovations* 4 (2) 19-26.

yes
I want morebooks!

Buy your books fast and straightforward online - at one of world's fastest growing online book stores! Environmentally sound due to Print-on-Demand technologies.

Buy your books online at
www.morebooks.shop

Compre os seus livros mais rápido e diretamente na internet, em uma das livrarias on-line com o maior crescimento no mundo! Produção que protege o meio ambiente através das tecnologias de impressão sob demanda.

Compre os seus livros on-line em
www.morebooks.shop

Printed by Books on Demand GmbH, Norderstedt / Germany